TTOUCH

神奇的
毛小孩
按摩术
狗狗篇

［美］琳达·泰林顿琼斯　著

黄薇菁　译

北方联合出版传媒(集团)股份有限公司

万卷出版公司

仅以本书献给我的姐姐罗苹，她的
TTouch 改变了极多主人和狗狗的生命。

目录

泰林顿 TTouch 训练辅具　98

进阶学习游戏场　116

泰林顿 TTouch 系统——综观

画圈式 TTouch

画一又四分之一圈的基本 TTouch 手法可减轻压力及恐惧，让狗狗放松、提升它的肢体意识、智能及学习能力。TTouch 身体碰触法可以支持及提升细胞沟通，让狗狗保持健康快乐。多数 TTouch 手法以发明人琳达·泰林顿琼斯曾做过 TTouch 的动物命名。

鲍鱼式、卧豹式、云豹式、浣熊式、熊式、虎式、三头马车式、骆马式、黑猩猩式、盘蟒式

滑抚式及托提式 TTouch

在狗狗身上长抚的方式称为滑抚式，是 TTouch 不同于按摩的地方。滑抚主要在增加狗狗的身体意识、自信及良好感受。进行牛舌舔舔式 TTouch 或 Z 字形 TTouch 时，以手平顺地在狗狗的毛发上进行纵横滑抚，只轻做接触。进行蟒提式 TTouch 和毛虫式 TTouch 时，轻轻托提皮肤，可增进循环，放松感受，也有助于深呼吸。

蟒提式、蜘蛛拖犁型式、毛发滑抚式、牛舌舔舔式、诺亚长行式、Z 字形

个别部位的 TTouch

　　特定身体部位（例如耳朵、尾巴或腿部）适用于某些 TTouch 手法。因手法而异，可能会使用画圈式、托提式或纵横毛发的滑抚。耳朵 TTouch 有助于让狗狗安定专注，对于协助休克的狗狗清醒或预防伤后休克很有效。嘴部和尾巴 TTouch 能影响狗狗情绪，腿部画圈 TTouch 有助于改善狗狗的平衡及柔软度。

腹部托提、嘴部 TTouch、耳朵 TTouch、腿部画圈、脚掌 TTouch 或在脚掌其他部位做 TTouch、尾巴 TTouch

进阶学习游戏场

　　穿越进阶学习游戏场里的各式障碍物教导狗狗合作及专注，也提升身心和情绪的平衡。狗狗穿越过的障碍物越多，它将变得越合作，越平衡，也越专注。对于害羞、过动、缺乏专注或有激动反应的狗狗，进阶学习游戏场的练习效果尤其明显。

迷宫、不同的地表材质、跷跷板、独木桥、跨栏障碍、星形障碍、梯状障碍、轮胎、角锥绕行障碍

TTouch 辅具

　　TTouch 辅具已经过多年发展，用来提升 TTouch 身体碰触法及地面练习的成效，利用不同的胸背带、牵绳技巧可以鼓励狗狗思考及合作，不需要使用蛮力或强势地位。辅具的设计及挑选皆以此为目的，可以让狗狗恢复平衡，避免暴冲拉绳。

软棒、平衡牵绳、平衡牵绳加强版、超级平衡牵绳、胸背带、身体包裹法、T 恤

把心放在手上，把手放在动物身上

我的工作是响片训练师，多年前为了充实自己，必须经常阅读国外的文章和书籍，资料里不时出现 TTouch 这个词，使我不由得好奇。

为求了解，我 2008 年去中国香港参加 TTouch 工作坊，结识了 TTouch 资深讲师黛比（Debby）老师。在工作坊我学习到轻柔的 TTouch 手法，坦白说，当时我和多数初学者一样，都不确定自己是否做得正确，也很难相信这么轻的抚触会有什么效果，不过有两件事让我印象深刻：

一、现场有一只灵缇犬，它的右髋部和右腿部有严重问题，已动过数次手术（从伤疤可见一斑），走进上课场地时它的右后腿缩着，只以三只脚跛行。黛比老师观察了一下，然后给它绑上绷带（请见《TTouch 神奇的毛小孩按摩术——狗狗篇》"TTouch 身体包裹法"章节），下一秒这只灵缇犬就放下右后腿，以四脚着地行走，不再跛行，非常神奇。

二、TTouch 和响片训练有个很棒的共同点：两者都是由人和动物"共同参与"的过程，因此人必须学习看懂并且尊重动物的沟通信息，依照动物能够接受的范围或能力决定过程。

身为训练师，我逐渐意识到训练可能带来一个危机。由于训练可以让动物出现行为，于是人很容易把动物当成输出行为的机器，忽略了它也是生命，拥有本能、感受和情绪，不过我认为 TTouch 或许恰可补足这一点。

因此，从 2012 年起我邀请黛比老师到中国台湾授课，至今每年仍持续开办三次 TTouch 工作坊，以下是部分学员的反馈：

"我们一直以为狗狗从小就不喜摸摸，有时摸就会突然很凶地回咬。TTouch 比一般按摩让它更放松，很快翻肚（它从不轻易翻肚）；连以前较难进行按摩的敏感部位也很容易接受。整个 TTouch 的过程，我们真的是人狗都很放松，很享受！""TTouch 真的很神奇！往常我家若来了陌生人，狗狗会狂叫不止。刚才来人时，我给它做了 TTouch，两分钟就安静了，来人走时也非常安静！"

"我家领养的宠物貂，来我这 8 个月了，抱一会儿是不可能的，多摸几下就逃跑。今天做了一次 TTouch，我居然能多摸她 3 分钟啊！"

"工作上有只很爱叫的红贵宾对我反应很大，我无法把它抓出笼，而且它对碰触很神经质，动不动就尖叫或咬人。我在它洗澡前、洗澡时、剪毛后对它进行约一分钟 TTouch。剪毛后它竟然一直向我靠过来，还要我抱。最大差别就是，把它关笼后，我发现忘记给它戴上项圈，再次打开笼子，它竟然向我靠近，乖乖地让我戴上项圈，和以前相比真是天壤之别！"

"参加猫咪工作坊后尝试以 TTouch 与毛孩子培养感情，有过两次神奇体验。第一次是猫咪有伤口，我在伤口周围

TTouch，隔天再看，伤口好了大半，虽然伤口本身也不是太严重，就是皮肉伤，但痊愈的速度让人惊讶。第二次是近期给朋友的猫咪做TTouch，因为猫咪外出紧张，我边跟它说话边给它做TTouch，猫咪还能被我TTouch到想进入睡眠状态。"

"参加工作坊后，开始在陪伴毛孩子的过程中进行TTouch，普遍接受度都很高，不太像平常摸摸会兴奋起来，而是比较放松后的轻柔呼噜噜。生病的毛孩子也很能享受整个过程，有个稍怕生的毛孩子进行TTouch三天后对人的触摸也不那么警戒了。"

"如果一开始养宠物就能学习到这些观念，学习运用TTouch，相信人和宠物的接触互动会更佳，事半功倍，猫狗饲育问题不再那么棘手，因而也可减少小动物被遗弃的概率。"

"除了学习到TTouch，我发现自己还学到更多的肢体语言与生命态度。有趣的是，这明明就不是心灵成长课程，但我在课程中感受到自己最近肌肉及情绪的紧绷；也许这些紧张与某种程度的正经已经成了我的习惯，我会学习让自己更放松。"

TTouch的确不只是抚摸，还包含许多与动物、他人或自己相处的理念，例如：

"观察时想着，眼前看到什么行为，不要急着贴标签。"

"动物的行为没有好坏，它只是个行为。"

"把心放在手上，再把手放在动物身上"，觉察自己的所为，用心抚触。

"脑海里想象希望出现的画面"，确切知道自己想要什么较容易水到渠成。

"关注什么，它就会滋长"，留意关注喜见的行为，它就会常出现。

"勿执着于后果，着眼于过程"，放下得失心，海阔天空。

"若尝试后无用，这不代表失败，这只是信息，让人知道再做其他尝试。"

"少即是多"，TTouch不必一直做，一点点TTouch就可以获得最佳成效。

"以身作则"，想要动物安定冷静，自己就先放慢脚步，深呼吸放松。

"暂停时间"，一个段落的句点，停止动作，让动物能有时间深刻感受。

许多人和我一样，非常喜欢TTouch带来的改变和体悟，因此我们得以开办TTouch疗愈师培训课程，未来将有更多TTouch疗愈师把美好的TTouch介绍给大家。

TTouch简单易学，任何人都能上手，这种利用抚触与身体沟通的方式可以在任何动物（包括人类）身上进行。它不需要任何基础，不需要了解动物的生理结构，也不需要懂得训练，非常容易入门。

如今这本TTouch入门书《TTouch神奇的毛小孩按摩术——狗狗篇》终于出版，它适合TTouch的初学者或无法参加工作坊课程的朋友，有助于建立基本概念、技巧及复习。可惜TTouch的博大精深在书中述及的部分不及十分之一，如果你想了解更多，参加工作坊或疗愈师课程都是很好的渠道。

欢迎大家一起来体验TTouch！

黄薇菁（Vicki）
● Vicki 响片训练课程讲师
● TTouch 认证疗愈师
● 中国台湾 TTouch 工作坊主办人
● 中国台湾 TTouch 疗愈师课程负责人

推荐序

TTouch 我是在 2011 年的时候听黛比（Debby）老师介绍了解到的，2012 年 10 月，我们派了两位美容部的同事去参加中国台湾的 TTouch 工作坊，目的是想找到在美容过程中，遇到压力大，狗狗不配合的情况下的解决办法。回到北京后她们把在工作坊的学习经历向所有同事做了分享。当时只是觉得非常有意思，并没有完全相信 TTouch 的功效。同事回来后，也并没有在工作中经常使用 TTouch，而只是在狗狗美容的过程中，遇到实在解决不了的问题，才偶尔使用，但每次使用都获得了非常好的效果！随着使用频率的增加，我们越来越体会到 TTouch 的效果。

三年后，我决定将 TTouch 工作坊引入中国大陆。当时，宠物美容师培训非常火爆，宠物店也开得非常多，但大家都没有学过宠物行为，不了解动物。所以出现了非常多高压力的操作，导致狗狗攻击事件时有发生！当时我们引进 TTouch 工作坊的目的，主要有三点：

第一，它是一个用非训练手段，能够尽快解决动物压力问题的方法。作为一名训练师，我知道如果采用训练方法，美容师需要有很长的学习过程才能部分解决这样的压力问题。

第二，TTouch 适用于各种动物，包括

人。宠物行业覆盖的动物越来越多元化，学习了 TTouch，可以在不同的动物身上使用。

第三，其实我当时对 TTouch 还不是很信服，所以觉得上述两点如果不成立，在这个推广工作坊的过程中，我们也能学习到如何更细致地观察动物。

于是在 2015 年 4 月，我邀请了黛比老师来北京做 TTouch 工作坊。当时我刚结束了广州的培训回北京，同时还带回三只刚出生几天的鸸鹋。我把它们每一只放在一个大号的透明整理箱内，里面放上垫草。为了保持清洁，我们每次喂食都把它们从整理箱里抱出来。但每次抱的时候小家伙都挣扎得很厉害，从我们倡导正向训练的角度来说，这样是不符合我的要求的。黛比老师正好在开课前一天来学校拜访，我们提出了这个问题。于是她让我们的训练师去厨房拿了两根筷子，因为小家伙怕手，所以黛比老师就用筷子给小家伙做 TTouch。只是在短短的几分钟之后，小家伙静静地趴下了，并且没有任何挣扎地让黛比老师抱起。当时在场的十几个人都看得目瞪口呆！我还是不完全相信，于是她让负责照顾小家伙的训练师按照她的方式来做，这次用更短的时间，出现了同样的效果！于是，我在第二天工作坊开幕的

致辞上，用了"神奇的"来形容 TTouch，是的，每一次使用 TTouch 都会给我们带来神奇的感受！同年 11 月，我们开了第二期 TTouch 工作坊。现在每年我们都会引入很多国际大师级的讲师来开展不同领域的工作坊，这些大师们都或多或少地了解过或将 TTouch 应用到自己的领域。

通过这些年对 TTouch 的了解，我认为 TTouch 不但是一种神奇的方法，而且它坚持和倡导的理念也极具价值。

第一，我们可以把 TTouch 系统视为一种哲学理念，它揭示了我们如何与动物、如何与环境、如何与他人以及自己平等尊重地相处。

第二，我们也可以把 TTouch 系统视为一种无声的跨物种语言，一种人与动物相互尊重的平等的沟通方式。当我们与动物一起生活工作的时候，动物总是在尝试和我们沟通，但人类更习惯于自己的沟通方式，因而常常忽略动物的表达。人类还经常站在高智慧动物的角度，以俯视的角度与动物沟通，使得动物常常因为得不到尊重或感受到压力而停止沟通。TTouch 对动物细致入微的观察，以及平等尊重的理念，是人与动物最好的沟通方式。而当我们与动物以 TTouch 为媒介建立起让双方都舒适安全的沟通桥梁时，我们与动物的信赖关系此时也得到显著提升。

第三，我们还可以把 TTouch 视为一种温和尊重的训练方法，能够提升动物的健康和性情，并发展人与动物之间的信任关系。训练是为了能让动物与人类更舒适自在地生活，TTouch 以此为目的，不仅关注动物的行为，更着眼于动物的身体健康以及性格的发展，力求让动物的表现得到整体的提升。而整个的过程，由于使用充满尊重、非常温和的 TTouch 方法，使我们与动物的信赖关系也得到提升。

TTouch 系统是非常开放的系统，它在理念层面、方法层面和应用层面还在不断发展。我们希望 TTouch 能够为动物和它们的朋友带来更多的帮助。

TTouch 工作坊是我们目前开展最多的国际课程。有大量的宠物行业从业者以及宠物主人参加过工作坊的培训，并从中受益！经过三年的合作后，我们成为了 TTouch 公司在中国大陆唯一的代理，开展培训和产品销售业务。之前，TTouch 书籍的购买都是来自中国台湾，我非常高兴本书能由中国大陆的出版商出版。TTouch 不同于按摩，它是人和动物双修的过程。除了可以增加你和动物之间的情感，不会有任何副作用！本书的出版也将大大提高 TTouch 在中国大陆的推广。在这里向大家强烈推荐推广这本书！

调良宠物学校校长
何军

基本知识

现今有超过 30 个国家的人在狗狗身上施做 TTouch，以进行教育、训练及改变狗狗的行为和表现，并增进狗狗健康。无数个案研究显示，TTouch 让人狗之间发展出深厚关系，并建立特殊联结。

你的想法改变，你的狗就会改变

TTouch 经验的惊人成果之一在于，你将学习以全新眼光看待你的狗。这个方法所启发达成的人狗伙伴关系远超过传统训练的成果。你将发展出新的意识（看待事物的新观点），并且在自己及狗狗身上看到新的可能性。

如果你能具体想象你希望狗狗出现的行为，你就能让它出现那个行为，用不着强迫和使用蛮力。人类常见的习惯是专注于不喜见的行为上：狗狗吠叫、紧张、出现攻击行为、害怕巨响、扑人或暴冲扯绳，全是你脑中挥之不去的行为。你可以改变这些不喜见的行为，做法是在脑海中清楚刻画出你想要狗狗表现的行为。

当狗狗扑在你身上，想象它的四只脚在地面；当狗狗拉扯牵绳，想象狗狗平衡地移动，而不是暴冲；当狗狗感到紧张或害怕，想象它表现出自信的样子。

TTouch 的基本假设是"改变狗狗的姿势，你就能影响它的行为"。结合运用 TTouch 手法、进阶学习游戏场的练习和辅具，你可以让狗狗更加意识到自己的身体

这只漂亮的罗得西亚脊背犬（Rhodesian Ridgeback）"妮娜"有时遇到新情境会没有安全感，它在照片中站得很好，但尾巴贴着身体，显示稍微缺乏安全感。

我用一只手扶着它的侧面，再抓着它的尾巴根部绕圈，这么做让它重新感受尾巴和身体的连接，也慢慢建立它的自信。

及姿势，改变狗狗的姿势可以改变不喜见的行为，例如，狗狗把尾巴夹在双腿间显然是它缺乏安全感或恐惧的表现。当尾巴的高度改变，狗狗将变得较有自信而克服本能恐惧反应，很多不同的尾巴 TTouch 手法将有助于提升狗狗的身体意识，致使它表现出自信的态度（见 p.41）。

你的想法可能会改变情境，知名作家暨记者琳恩·麦塔嘉（Lynne McTaggart）在其著作《意念的秘密》（*The Intention Experiment*）中教导我们，创意十足的科学家已证实你可以透过意念实现目标，更多信息请见她的网站：

www.theintentionexperiment.com。

什么是泰林顿 TTouch 系统？

狗狗的泰林顿 TTouch 系统是温和尊重狗狗的训练方法，着重于动物和主人的身与心灵和谐，由四项组成：

- 身体碰触法，称为"泰林顿 TTouch"
- 地面练习，称为"进阶学习游戏场"
- 泰林顿训练辅具
- 意念：脑中想象的正向画面是你希望狗狗出现的行为、表现及与你的关系

在嘴部、嘴唇和牙龈进行轻柔的卧豹式 TTouch，这对于使狗狗安定专注很有效，因为这会影响其脑部主控情绪的边缘系统（Limbic System）。

泰林顿 TTouch 系统提升学习、行为、表现和健康，并且发展人和狗的信任关系。

泰林顿 TTouch 的发展史

狗狗的 TTouch 系统从马匹 TTouch 系统演变而来，几十年间已扩展至包含所有动物及人类。

一般认为动物身体碰触法是现代流行趋势，然而我的祖父威尔·凯乌德（Will Caywood）向俄罗斯吉卜赛人学习到马匹按摩法，因此奠定了我对动物身体碰触法的兴趣。1905 年我的祖父在俄罗斯莫斯科中央赛马场（Moscow Hippodrome）训练赛马期间，因为当季训练出了 87 匹冠军马而获年度优秀训练师奖，沙皇尼古拉斯二世（Czar Nicolas II）赐给他一支镶有珠宝的拐杖作为奖品。祖父把自己的成功归因于每天花 30 分钟，以吉卜赛按摩法，按摩马场里所有马匹的每一寸肌肤。

1965 年，我与当时的先生温特沃斯·泰林顿（Wentworth Tellington）依俄罗斯吉卜赛按摩法合著了一本书，书名是《竞技马匹的按摩及物理治疗》（*Massage and Physical Therapy for the Athletic Horse*）。我们在自己的马匹身上使用这个按摩系统，借以在百英里耐力赛、马术障碍赛、三天连赛或马展之后，协助马匹恢复，我当时经常参加这类竞赛。我们发现为马匹做了身体碰触法后，它们恢复得很快。

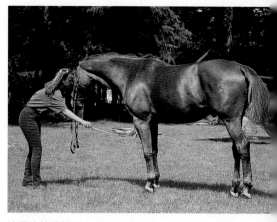

使用软棒轻抚马匹可以建立自信，协助它放松。

这只黑色拉布拉多非常兴奋紧绷，它的头部高度反映出它的情绪状态。

然而，当时我从未想过动物的行为与个性、学习意愿和学习能力会受到身体碰触法的影响。1975 年，一切有了转变，我参加美国旧金山人本心理学学院（Humanistic Psychology Institute）的四年专业课程，由发明人摩谢·费登奎斯博士（Moshe Feldenkrais）教授一个整合人类身心的绝佳系统。

参加这个四年课程不太像是我会做的事，因为费登奎斯法是为了人类神经系统而发明的，而我来自马的世界，当时我教授骑马及训马已超过20年，与人合办"太平洋岸马术研究农场暨马术学校"（Pacific Coast Equestrian Research Farm and School of Horsemanship），担任主任也已10年，该校致力于培训马术讲师及训马师。

我报名这个课程时心想，我可以利用费登奎斯法提升马术学生的平衡和运动能力，强烈的直觉驱使着我，某种不知名的理由促使我上了这个课程，几乎犹如我"知道"这个提升运动能力、减轻疼痛并改善神经功能不全（无论来自受伤、疾病或先天）的方法将超乎有效地改善马匹表现及带来身心福祉。

1975年7月，我有个茅塞顿开的想法，引领我发展出训马的新方法。当时我躺在教室地板上，和63位同学遵循着费登奎斯博士的指导。这只是上课第二天，我们跟着指示进行一连串轻柔的动作，所谓"从动中觉察"练习（Awareness through Movement®）。费登奎斯博士表示，运用非惯性的动作可以提升一个人的学习潜能，也可大幅缩短学习时间，这些动作可以在坐着、站着或躺着时进行，这样的练习带来新的身体意识及功能。

费登奎斯博士的理论是，非惯性动作会活化脑部尚未使用的神经传递途径，唤醒新的脑细胞，进而提升学习能力。

我听到他这么说的第一个想法是："我可以让马出现什么'非惯性'动作，以提升马的学习能力呢？"

1975年至1979年间，我夏天在美国旧金山上费登奎斯课程，冬天则在德国与无数马匹练习，发展利用非惯性动作穿越各式障碍的方法。利用穿越迷宫、星状障碍和平台的练习，马匹的行为和平衡出现惊人改善，也显示出新的学习意愿和学习能力，不需要施压或使用蛮力（这些障碍练习现在称为"进阶学习游戏场"，穿越种种障碍的狗狗变得更加配合及平衡，也更专注）。

有了德国"西发里亚邦测试中心"（Reken Test Center）创办人娥苏拉·布朗斯（Ursula Bruns）的鼓励，以及我聪慧的姐姐罗苹·虎德给我的支持，我演变出来的系统最初称为"泰林顿马匹觉察法"（Tellington Equine Awareness Method or TTEAM），现在则称为"泰林顿法"或"泰林顿TTouch系统"。

泰林顿 TTouch 的诞生

1983年，我的焦点从费登奎斯法转向探索神奇的画圈式泰林顿TTouch。泰林顿TTouch的诞生是"顿悟"的结果，顿悟的定义是"理解力突然间直觉大跃进，尤其透过某个寻常但令人印象深刻的事件"。这个"突然事件"发生于1983年，在美国特拉华马宠物诊所（Delaware Equine Veterinary Clinic）。当时有一只12岁的纯种母马处于极疼痛的状态，梳毛或上鞍时总是企图踢人或咬人，我把双手放在它身上，它变得非常安静，它的主人温迪不敢相信自己的眼睛，她问我："为什么我的母马这么安静？你的秘诀是什么？你是使用能量吗？你在做什么呢？"我凭直觉回答她："不要担心我做什么，只要把手放在它肩膀上，以画圈方式移动皮肤。"我对自己的回答感到意外，但我已学会信任自己的直觉，所以我等着看接下来会如何。我从不曾意识到自己以画圈方式移动皮肤，我惊奇地看着温迪在母马肩膀画出一个个小圈，母马如同对我一样，安静地站着。

当下那一刻，我理解到刚才发生了非常特别的事，接下来的数月数年期间，我实验画圈时采用不同力道、画圈大小及画圈速度。我依直觉以许多不同方式使用我的手，根据动物喜欢的方式响应，我姐姐罗苹的观察力敏锐有如猫头鹰，多年以来她与我合作找出了 TTouch 的许多技巧。

细胞沟通

泰林顿 TTouch 的要旨之一是增进细胞沟通，也支持身体的疗愈潜能。我对于细胞的兴趣从 1976 年被唤醒，当时我阅读了诺贝尔奖生理学或医学奖得主英国神经生理学家查尔斯·斯科特·谢灵顿（Sir Charles Scott Sherrington）的著作《人与人性》（*Man on His Nature*）。书中其中一段论述，成为我第二个改变人生的体验，它说：

"如果神经被移除了几英寸，分离的神经两端多半能找到彼此，这怎么可能呢？因为体内的每个细胞都知道自己在体内的功能，也知道自己在宇宙中的功能。"我记得斯科特·谢灵顿是这么说的。

我感到非常惊讶的是，构成身体的 50 兆细胞具有智能，而且当人或动物处于身心健康状态，每个细胞能独自行使功能，细胞间又能展现惊人合作及沟通。

我开始把身体视为细胞的集合体，并且突然想到一个概念：碰触别的个体时，我能让我的手指细胞在细胞层面传递一个提供支持的简单信息："请想起你能完美运作的潜能，请想起你的完美状态……"每个泰林顿 TTouch 所画的圈都带着这个主要信息。

当有人问我，怎么可能与素未谋面的动物（在如此短暂的时间里）产生如此深刻的联结及信任，我深信是因为我链接到了细胞层面，泰林顿 TTouch 是不用言语的跨物种语言。

今日的泰林顿 TTouch

今日的 TTouch 手法有二十多种，每一种对动物的效果都稍微不同，随着我发现越来越多手法，我想我们需要为手法命名，而且不是用平淡无奇的名字，而是创意十足的特殊名字，容易让人记住。以我曾施做 TTouch、触发特别回忆的动物为手法起名似乎理所当然。

为了赢得信任，我在狗狗前额做了联结的云豹式TTouch，同时用另一只手稳定头部。

蟒提式TTouch为狗狗的腿部带来意识和新感受，有助于安抚恐惧紧张的狗狗，让它感到更有"接地踏实感"。

举例来说，云豹式TTouch的命名灵感来自我与美国洛杉矶动物园里一只三个月幼豹相处的经验，它的母亲拒绝照护，于是它发展出吸吮自己腿部、不断用双脚脚掌不停地按推数小时的神经质习惯。我在它嘴部做画小圈TTouch对应它的情绪问题，也在它的脚掌上做，协助脚掌放松并增加脚掌的感受。云豹式的"云"指的是以极轻力道（轻飘如云），用整个手掌碰触身体，而"豹"则指手指施压的力道范围，豹身体轻盈，走路时有如轻柔的TTouch，用力踏步时有如力道较重的TTouch。

蟒提式TTouch的命名来自一条近4米长的缅甸球蟒乔伊斯，1987年我在美国加州圣地亚哥动物园赞助的第20届动物园管理员年会上用它做示范。乔伊斯每年春天就会复发肺炎，我起初先在它身上

使用画小圈的浣熊式TTouch，它出现抽搐，不喜欢这样，我凭直觉转换成在它身体下方做小小动作的缓慢托提，借以刺激它的肺，几分钟后乔伊斯把整个身体伸展开来，我让它滑动离开，活动一下。当我再度在它身上画小圈，它已完全放松下来，并且转头"看"着我，鼻头几乎快碰到我的手。

TTouch建立自信，增进合作，发展动物的能力、学习意愿和学习能力，让动物超越本能，教导动物思考而非直接反应。TTouch系统基本上是在动物全身进行轻柔画圈、托提和滑抚。TTouch旨在活化细胞功能，增进细胞沟通，好比"在身体各处点灯"。在动物全身都可以进行TTouch，每个画圈TTouch都带有完整信息。要成功改变不喜欢的习惯或行为，或者加速伤

电影《人鱼童话》（*Free Willy*）系列的虎鲸明星凯哥向我游近，它前一天刚体验过第一次 TTouch。

我和野生动物园的母郊狼明蒂建立联结，它把脚掌放在我手上。

口或疾病的疗愈，都不需要了解解剖学。

TTouch 可释放疼痛和恐惧。20 年前当我开始在重创动物身上看到很大改变时，人们对此还了解不多，也没有解释 TTouch 效果的研究。现今神经科学家甘蒂丝·柏特（Candice Pert）在著作《情绪分子的奇幻世界》（*Molecules of Emotion*）里证实，我们的细胞留存的情绪会被神经传导物质传送至脑部，我相信这就是为何 TTouch 能够成功释放恐惧，并且为动物和主人带来新的自信感受和美好感受。

30 年间，有数以千计的人反馈，自己在全无过往经验的情况下成功使用 TTouch，我们现在也有研究显示 TTouch 能影响人类和动物的压力荷尔蒙，也能降低脉搏数及呼吸频率。教师、作家暨研究学者安娜·怀斯（Anna Wise）的研究显示，画圈式 TTouch 活化 TTouch 施行者和接受者的脑部，呈现所谓"心智觉醒状态"的特殊模式，此即创意人才及民间医治者的脑波模式，可能说明了为何很多 TTouch 使用者都能成功。

狗狗的泰林顿 TTouch 系统

世界闻名的科学家鲁珀特·谢德瑞克（Rupert Sheldrake）在他引人入胜的著作《狗狗知道你要回家？探索不可思议的动物感知能力》（*Dogs that Know When Their Owners Are Coming Home*）里证实，狗狗能读懂我们的心思，即使远离我们也能够接收到我们脑中的画面。对我来说这确认了一点，多年来我的狗之所以极为合作，是因为我对它们抱持清楚明白的期望，这是许多不当行为个案里导致成功或失败的关键所在。

泰林顿 TTouch 系统已发展成世界上许多国家的狗狗主人、训练师、繁育者、宠物医生及动物收容所人员所使用的方法，提供一个正向非暴力的训练方式，但它不只是训练方法。结合特定 TTouch 手法、带领练习、穿越障碍练习（进阶学习游戏场），你可以改善狗狗的表现和健康，解决常见的行为问题，并且正向改善生理问题。你可以利用 TTouch 协助疾病或伤口痊愈，或提升你家狗狗的生活质量。许多人会发现自己和狗狗产生更深层融洽的关系，并且从这种不用言语的跨物种沟通方式中获得正面回馈。

泰林顿 TTouch 系统可协助改善狗狗问题，包括过度吠叫、过度啃咬、暴冲扯绳、攻击行为、恐惧开咬、胆怯害羞、抗拒美容、过动及神经质、晕车、髋关节发育不全、惧怕雷声及巨响。它对于老化（例如僵硬及关节炎）导致的许多其他常见行为和生理疾病也有帮助。本书附有一个总表列出行为和生理问题，以及推荐的 TTouch 手法，方便一目了然，然而对于许多涉及行为的个案，如果你任选三种 TTouch 手法在狗狗全身施行，并且做几次进阶学习游戏场的练习，你将体验到它在行为上的改善。书中列表提供一些秘诀，但是一旦你做过练习，请学习信任自己的感觉和直觉，跟随你的手指去做。

亲自试做 TTouch

众所周知，按摩能放松肌肉，TTouch 的概念则更进一步，你的狗可以开始以新

这只 5 个月的黑熊孤儿肯亚谨慎地把脚掌放在我手臂上，试图与我沟通。TTouch 是跨物种的独特语言。

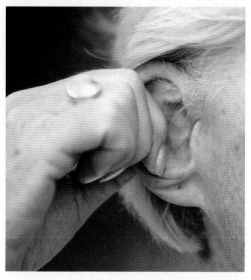

对狗狗做 TTouch 之前，先在自己身上做些 TTouch 可能会很有帮助，耳朵 TTouch 可让人放松，影响全身，也有助于缓解疼痛及休克状态。

的方式进行学习及合作，短暂练习几回就可能使行为发生永久变化。只要每天2～10分钟的TTouch便可以达到惊人效果。许多人发现在短短练习几回之后，他们的狗开始要求每天要有TTouch时间。

TTouch很棒的一点是，你不需要把圈画得完美也能成功，你也不需要知道身体解剖学，而按摩则不然。你也不必一次就试做所有TTouch手法，而是可以从其中一些手法开始，再慢慢增加你会的手法。我通常建议从卧豹式TTouch或云豹式TTouch开始，找出你家狗狗最喜欢的TTouch手法。

当你开始做TTouch，确保手指放松，并以轻轻的力道移动皮肤。每个基本TTouch是一又四分之一圈，当你画完一个TTouch，把手指轻轻滑到另一个点，再开始下一个TTouch，依此做法，你沿着狗狗的身体画出一连串的圆圈。经验显示，温和轻柔的碰触比用力碰触来得有效。最重要的是，与狗狗共享TTouch的神奇感受。

边缘系统

嘴部及耳朵TTouch对于狗狗身心的健康具有长足影响。嘴部和耳朵直接连接边缘系统（Limbic System），这是主控情绪的脑部区域，如果情绪状态不佳，对狗狗的学习能力具有直接影响。边缘系统掌管：

- 自保以及物种存衍
- 情绪及感受（兴奋及恐惧）
- 战或逃的反应
- 储存记忆

边缘系统与以下相关：

- 呼吸
- 心跳调节
- 感受疼痛
- 感受温度变化
- 嗅觉和视觉
- 调节体内水分
- 体温
- 循环
- 摄取营养

压力

根据压力原因及强度，所有生物面对压力可能有不同的反应：

- 战斗
- 逃走
- 定格不动
- 昏厥
- 没事找事做，啃咬

狗狗出现的许多行为改变和疾病都是压力导致的，当我们更了解狗狗的压力来源及影响，我们会有更多协助狗狗面对压

舔嘴唇有时是"安定信号"，狗狗用以表示它需要安定眼前的艰难情境。

那里发生了什么事？这只狗呈现肌肉紧绷状态，处于这个姿势让它不易听从牵绳者的话。

力的工具。

安定信号

仔细观察是了解狗狗向我们传达什么信号的关键，当狗狗在特定环境或情境里感受到威胁，为避免触发冲突或累积过大压力，能看出这些信号并予以回应尤其重要。图雷德·鲁格斯（Turid Rugaas）曾描述许多狗狗向其他动物及人类传达信息的行为，她取名为"安定信号"，图雷德将这些信号定义为"和平的语言，让狗狗得以避免或解决冲突，以和平方式共同生活"，你可能较常观察到的安定信号包括：

● 打呵欠
● 舔嘴唇
● 转身／撇头

● 邀玩姿势
● 嗅闻地面
● 缓慢行走
● 接近时绕半圈
● 坐下抬起前脚
● 瘙痒

如同我们接近别人时不会死盯着对方或侵入他们的"个人空间"，狗狗和其他动物也会给予信号定义自己的个体空间或舒适度，最好双方狗狗都能给予或辨识出这些信号，社交时才能顺利沟通。对人而言也很重要的是，辨认出安定信号并且意识到这些沟通信号有可能发展为压力信号，特别是如果它起初遭到忽略或持续存在威胁。当狗狗表现出压力征兆或做出极端的行为反应，我们可利用肢体语言和安定信号传达我们没有威胁性的意图，并且建立信任。

紧绷时的姿势

"姿势改变，行为就会改变。"狗狗的姿势非常清楚地表达情绪，害怕的狗可能以尾巴夹在两腿间显示它的恐惧。当你能改变它的姿势，你就能改变它的行为。

紧绷征兆

嘴部	<ul><li>嘴角往后拉</li><li>流口水</li><li>口干</li><li>嘴唇僵硬</li><li>双颊鼓起</li></ul>
耳朵	<ul><li>竖立</li><li>紧贴身体</li><li>往后拉</li><li>缩折在一起</li></ul>
眼睛	<ul><li>圆睁</li><li>瞪视</li><li>露出眼白</li><li>眯眼</li></ul>
头部高度	<ul><li>过高</li><li>过低</li></ul>
尾巴	<ul><li>僵硬</li><li>夹在两腿间</li><li>紧绷，贴近身体</li><li>尾巴摇得过度</li></ul>
姿势	<ul><li>蹲伏</li><li>四脚朝天</li><li>身体紧绷高挺</li><li>静止不动</li></ul>
呼吸	<ul><li>过度喘气</li><li>屏气</li></ul>

把眼神撇开、从侧面接近、蹲下来、轻声细语并以手背做初次碰触都可用来向狗狗示意，我们真的会"聆听"它所担心的事。

从 TTouch 的观点来看，你也要仔细注意狗狗的姿势和平衡，当狗的肢体不平衡，它的情绪和心理也常会失衡。姿势提供许多线索，有关狗狗在特定环境里的生理激动状态及担忧状态。夹尾、耳朵压平、嘴角拉紧和把头放低的姿态常见于处在恐惧或焦虑状态中的狗狗。头抬高、尾巴放松、体重平均分担在四只脚上且耳朵朝前的姿势则可能在感到安定自信的狗狗身上观察得到。狗狗有压力的征兆如下：

- 呼吸急促
- 发抖
- 肌肉紧绷
- 坐立难安
- 发出声音（吠叫、哀鸣或号叫）
- 做些无厘头的事（例如追咬尾巴）
- 过度理毛（例如梳理生殖器或脚掌上的毛）
- 暴躁易怒
- 啃咬东西
- 过度舔舐
- 流口水
- 夸张地大摇尾巴
- 拒绝零食
- 无法专心
- 脚底流汗
- 掉毛

消化问题、没有食欲、拉肚子或排尿问题也是常见的有压力的征兆，如果狗狗长期处于紧张状态，你常会注意到恼人的体味或口臭，毛发暗淡有皮屑、发痒及搔抓情形。

压力上升时会怎样？

遇到压力上升的情况，狗狗身体会大量分泌肾上腺素和可的松，让身体做好战或逃的准备，在威胁远离之后，狗狗的身体要花很长时间才能恢复。运用 TTouch、身体包裹法及地面练习可以有效地加速恢复，使用软棒长抚动物也有利于减轻压力，尤其在刚进入压力情境的最初阶段就这么做会特别有效。

宠物医生的观点

玛提娜·西蒙尔是宠物医生，在奥地利提供整体宠物医生（holistic veterinary medicine）诊疗服务，她已使用泰林顿 TTouch 多年，从 1987 年就深入参与 TTouch 活动，她以狗狗及马匹 TTouch 作为执业及讲座活动的主要内容已有 15 年。

西蒙尔医生写道：

"第一次听说泰林顿 TTouch 时，我才刚开始念兽医系，我之所以去上第一堂 TTouch 课程是因为有匹问题马，它对于任何传统疗法都毫无反应。当我发现我能用 TTouch 迅速协助那匹马时，我完全被迷住

奥地利宠物医生玛提娜·西蒙尔有非常好的 TTouch 使用经验，每天在工作中都会用到它。

请我教授选修课程'用于复健及行为调整的身体碰触法'，有 24 名学生修完了这门课。"

TTouch 的成效可以测量吗？

"要科学证实 TTouch 的成效，琳达·泰林顿琼斯支持了多项测量脉搏、脑波及血液可的松浓度的研究，所有结果显示，TTouch 能引起动物身体出现改变，当把 TTouch 抚摸法用在动物身上，原本加快的脉搏很快便可以缓和下来；脑波模式检测显示脑波活动提高，这是学习时发生的典型现象；血液检查显示当动物接受 TTouch，它的压力荷尔蒙会降低，但目前还未有人发表大量的科学数据及分析。一旦工作之余有更多时间，我就会设计研究，主题是'TTouch 对于动物在压力下的可的松浓度有何作用'。一位德国生物学家现在正在研究 TTouch 疗法对人类疼痛程度的影响。

"目前，我们只能够观察到 TTouch 降低压力，减少疼痛，也使动物更安定，更放松顺从，不过更多的科学研究已在进行中。"

无数范例之一

"当琳达开始发展狗狗 TTouch 系统，已参与马匹 TTouch 系统的宠物医生马上就表示支持。我们所有宠物医生都必须应付太多在诊疗台上恐惧得发抖或必须被拖进看诊间的狗，如果我们能改善动物的看诊经验，即使只改善一点点，不但对我们有所帮助，对动物和主人也有帮助。

"我从来没有忘记过我们的第一次训狗

了。我马上领悟到自己终于找到追寻多年、想要用在动物身上的绝佳方法。

"然而，我受的是科学训练，因此抱持着怀疑态度，新的做法须经测试才能知道是否真如第一印象般有其价值。我当学生时所接受的教导是质疑每件事，并且细心观察。因此，我把第一组研究对象的进度记录下来，并且详细写下 TTouch 训练日记。日后，在我更有经验之后，我开始在系里和我的学生组了一个 TTouch 工作团队。幸运的是，维也纳大学（University of Vienna）一直都拥有开明的教授，例如，针灸已开课多年，而且在 1989 年及 1990 年，琳达·泰林顿琼斯是骨科学系的客座教授，该系也在 1998 年聘

体验，一位同事带来她的哈士奇，除了主人以外它不肯让别人摸，她男友花了两年时间才使狗能勉强容忍让他摸。第一天哈士奇躲在诊疗台下，表现得很害怕，其中一位 TTouch 疗愈师崔克西用软棒轻抚那只狗，然后把软棒反过来，用把手末端做画圈式 TTouch。慢慢地，她可以把手顺着软棒滑上去，偷偷用手背很快画几个圆圈，这回 TTouch 持续约 10 分钟，崔克西觉得这对狗狗应该够了，便让它休息。

"当我们一天工作结束，坐下来讨论我们学到了什么，哈士奇从躲藏处走出来，坐在崔克西身旁，把头枕在她大腿上，允许她抚摸，我们非常惊讶，无法想象它竟改变得这么快。经验教会我的是，成效不一定总是来得这么快，通常需要多一点时间、知识和耐心，不过无论如何都会有成效，尤其与传统训练方法相比。"

宠物医生诊疗时使用 TTouch

西蒙尔医生继续写道：

"你应该时时意识到自己的安全最为重要。处于疼痛的狗即便平时极其温和，它在任何时刻都可能反射性地空咬或真咬，因此在有潜在危险的情况之下，你应该使用嘴套或请另一个人配合稳定狗狗。常发生的状况是，人们非常专心进行 TTouch 而忘记留意自己的肢体语言，你应该避免任何可能有威胁性的手势或身体位置，例如不要在狗狗的上方弯腰或直视狗狗的眼睛。

当狗开始像这样枕着头，这就是它信任这个人的征兆。

- 接触紧张的动物时，不定点地做一秒钟的云豹式 TTouch，这会让你获得狗狗的信任，让检查更容易进行。
- 如果狗狗不让你碰触或治疗某个身体部位，以链接方式沿多条直线使用浣熊式和云豹式 TTouch。
- TTouch 不仅有助于动物释放恐惧及紧绷，对于缓解疼痛也极有帮助。TTouch可以加速伤口愈合，效果可比成功的激光治疗，我们随时可使用双手，而且比复杂的机器便宜太多了。当然，伤口必须先清洗和消毒，也必须缝合及包扎，在这些做完后，以极轻的力道在绷带周围及上方施行浣熊式和卧豹式 TTouch。

- 患有关节炎、强直性脊椎炎或退化性髋关节疾病的狗狗对于 TTouch 辅助治疗有良好反应。关节疾病无法医治的诊断非常让宠物医生受挫，也特别让主人受挫，有了 TTouch，主人能够减轻狗狗的疼痛，也可将药物用量减到最少。

- 适当进行尾巴 TTouch 有助于改善脊椎和椎间盘的问题。

- 成长迅速的大型犬种容易出现发育及协调的问题，TTouch 可改善身体前半部与后半部的联结，特别有帮助的手法是 Z 字形 TTouch、蜘蛛拖犁式 TTouch 和连接起来的画圈式 TTouch。

- 许多狗狗不断复发牙齿和牙龈问题，例如牙菌斑、牙垢、牙龈发炎甚至蛀牙。好的预防照护包括特别饮食及定期刷牙，如果狗狗习惯嘴部 TTouch 的话，这些都会容易很多。

- 轻轻按摩狗狗的耳朵，你将很快赢得它的心。这是琳达·泰林顿琼斯最重要的发现之一，耳朵 TTouch 应该是宠物医生的常备技能，因为它可以救命：在出意外后休克、循环衰竭（circulatory failure）、中暑、麻醉后，都极为有用，对于较轻度的情况产生的惊吓（例如晕车）也极有用。"

宠物医生诊疗时运用带领练习和地面练习

西蒙尔医生继续写道：

"常有人询问宠物医生有关动物行为的问题。要求出现'非惯性'动作（见 p.17）的地面练习促进动物的肢体平衡及情绪平衡，这个方法能大幅改善专注力及协调性，改变动物和人类已习得的行为模式。地面练习的目标是让狗的身体恢复平衡，并且提供它在愉快无压力的情况下运用自己身体的经验。最终，狗狗将能够有意识地行动，而非依直觉反应。

在兽医诊疗中嘴部 TTouch 很重要，因为它能让狗狗准备好接受进行无压力的牙齿及牙龈检查。

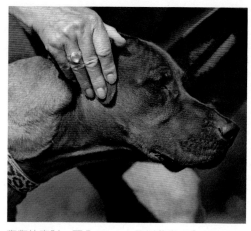

狗狗休克时，耳朵 TTouch 可以救它一命。

宠物医生丹尼拉·祖尔的秘诀

丹尼拉·祖尔是德国的宠物医生暨狗狗 TTouch 疗愈师，著有两本德文书，是有关 TTouch 之于狗猫兽医医疗和整体行为疗法的运用。她整理了自己执业时运用 TTouch 最有用的清单。

耳朵 TTouch	麻醉或手术后，耳朵 TTouch 有助于稳定心血管系统。如果狗狗躁动，我们会把它放在温暖安静的区域，缓慢轻柔地搓抚它的耳朵，如果耳朵冷冷的，它没法醒过来，可加快搓抚速度并更急切一点。
腹部托提	狗狗消化不良或胃痛时，腹部托提可以让它舒缓很多。如果腹部很紧绷，用极轻力道托提。当狗狗没法让你用手碰触，利用一条弹性绷带进行轻柔的小小托提。
嘴部 TTouch	我们从人类医学得知，温和刺激脸部会带来放松。狗狗嘴部 TTouch 可以减少紧绷或协助它面对过度兴奋的情境。
云豹式 TTouch	膀胱经纵走狗狗的背部肌肉，与脊椎平行，这条经络涵盖所有与动物器官相关的重要穴道，因此沿着背部进行 TTouch，不只支持背部肌肉，也支持器官功能。
脚掌 TTouch	你注意过狗狗经过高低起伏地形时，看起来多么轻盈不费力吗？或者，它很少会踩到另一只狗留下的排泄物？狗狗脚掌上分布了无数敏感的神经末梢，这代表你需要特别留意它的脚掌，并且教导它信任你碰触它的脚掌。
尾巴 TTouch	断尾的狗在断尾部分时常很紧绷，因而影响它的平衡及行走方式。当这里的紧绷压力纾解了，狗狗的动作将有大幅改善。所幸多数狗狗现在都可以保留这个重要的身体部位，但即使尾巴无缺陷的狗狗也可能出现背痛及恐惧，因而使尾部紧绷。尾巴 TTouch 有助于创造身体后半部的意识及自信。
骆马式 TTouch	当我初次和动物建立联结时，这是我最喜欢的 TTouch 手法。在收容所里或遇见任何新狗狗时，这也是很棒的手法。当狗狗没有自信时，很重要的是用骆马式 TTouch 配合你的肢体语言：移开眼神，转身侧对，并且深呼吸。

- 解决许多问题的绝佳辅助做法是正确使用适当的胸背带，做两点牵引（请见胸背带章节说明）。我们不会拉扯普通项圈或P字链，以避免对狗狗颈椎有任何伤害。现在已广泛得知，使用P字链猛烈拉扯的传统纠错方法可能严重损害狗的脖子和咽喉。
- 身体包裹法给予恐惧及过动的狗狗微妙的身体架构，帮助它们更有安全感，儿童心理学家也利用类似的'包裹'技巧治疗恐慌症。"

训犬师的 TTouch 经验

史蒂薇·艾佛斯度是英国的行为咨询师暨训犬师，以成功调整狗狗的攻击行为及其他行为问题而著称。许多不同犬种的狗狗被人以错误的方法进行护卫犬训练（Schutzhund），因而无法对人表现出稳定

头颈圈搭配普通项圈或胸背带有助于让狗狗恢复平衡，不过现今 TTouch 带颈法普遍已不使用头颈圈。

信赖的行为，史蒂薇常成为这些狗、它们的主人及训犬师的最后希望。她写道：

"我第一次学到泰林顿 TTouch 是在20世纪90年代初期的某个周末工作坊，我发现它的理念很有意思，但有点'疯狂'，我并没有自己试着做。1996年夏天，我发现琳达·泰林顿琼斯将在我家附近开课，所以我决定参加。上完一天的课后，我对于所见及所学感到着迷，琳达的示范燃起了我的兴趣，激励我终于尝试做了 TTouch，自那时起我尽可能利用任何机会学习 TTouch。

"许多狗狗来见我时有各式各样的问题，有些激动得直打转，有些怕生，有些有攻击性。多数个案的共通点是压力，压力使动物无法学习新的事物，因此 TTouch 产生的安定效果很有用处。我一次次发现，20分钟的 TTouch 就足以放松狗狗紧绷的身体，紧绷感被安定及接受度所取代，狗狗变得专心留意。

"随着压力降低，狗狗的自信心提升，狗狗现在有能力改变不喜见的行为模式。当主人给狗狗做 TTouch，人狗关系获得改善，这是迈向成功非常重要的步骤，因为我只是中介，毕竟主人才是带狗回家，教导它新行为的人。

"地面练习在许多方面都极为重要，狗狗学习留意不同的任务，当狗狗学习专心于特定练习，恐惧就会被释放。狗狗的协调及步调有所改善，对于竞技训练及敏捷训练非常重要。此外，地面练习有助于狗狗的平衡，即让它学习到自行平衡的站

姿及坐姿，不会拉扯牵绳也不会倚着人。换句话说，狗狗学习为自己的行为负责，这是处理行为问题的关键。"

卡嘉·克劳斯

卡嘉·克劳斯是德国柏林的训犬师暨作家，也是 TTouch 疗愈师。她写道：

"对我而言，泰林顿 TTouch 有无限可能，它实用易学，对于所有类别和程度的狗狗训练都有帮助。当训练有 TTouch 作为辅助，幼犬更容易学会'如何学习'，恐惧或过动失控的年轻狗狗在穿上背心（见 p.112）后常能马上安定下来。

进阶学习游戏场上有几只狗狗正同时练习着，穿越低高度的跨栏障碍对狗狗和主人都具有很大的激励效果。

对于会对其他人和狗出现不当行为的狗狗，与其他人和狗一起进行团体 TTouch 练习会很有帮助。

"对人太依赖的狗狗可通过进阶学习游戏场（见 p.116）的非惯性动作学会与人相处的新方式，我依然对狗狗的迅速改变感到惊奇，若非已目睹数百次，否则我也不会相信。

"参与敏捷、服从竞赛和定期狗展的狗狗、搜救犬、服务犬和警犬可以从 TTouch 中获益，如果让狗狗进入赛场前或开始执勤前接受一回 TTouch，结果显示，这样可延长保持注意力的时间，其姿势及协调性也较佳。我经常在我家狗狗身上做 TTouch，它受过寻找建筑物里长霉处的训练。探视老年人或病患的狗狗能学习到享受被人碰触，服务犬也能与主人更快建立联结，而 TTouch 缓解身体紧绷的效果也对它们有益。

"TTouch 与其他训练方法（例如响片训练）可以互补搭配。全世界都知道 TTouch，我甚至曾接到去迪拜皇宫示范 TTouch 的邀请。

"TTouch 疗愈师和相关人士通过网络讨论区保持联系，不断交流新想法，让 TTouch 持续成长及演变，新的带领位置及更精细的 TTouch 手法不断加入课程中，让 TTouch 系统更加有效，更易教学。

"TTouch 不是看起来炫酷的事，但是它的效果才是其盛名所在，依我看，这是现在及未来对待动物的方式。"

毕比·迪恩和伊利亚

毕比·迪恩是 TTouch 疗愈师课程讲师，也是德国 TTouch 协会（TTouch Guild）会长，她写道：

"你可以想象我们从马耳他带回来一只在街上讨生活的狗，然后发现它怀孕了吗？更糟的是，它生下了 11 只活蹦乱跳的幼犬。

"其中一只幼犬是伊利亚，在我德国的三楼公寓里出世，结果它正是一只我所需要的狗。它是只快乐的狗，可以把尾巴上下摇，左右摆，也可以顺时针或逆时针绕圈转，嗯，它现在能够这么做，可是我第一次见到它时是不行的。

"当时它会把头歪向一边，注视我，以可爱的模样告诉我，它完全不知道人类是怎么回事，也不知他们要它做什么。马耳他的街犬之所以得名不只是因为它们在街上生活，这个特定犬种世代以来学会在人类附近生活及偷取食物，但是可能极为独立，也很谨慎，不让自己被抓捕。

"伊利亚努力尝试学习，对它来说并非易事，优秀的街犬所需的所有条件都深植在它的脑内，食物是第一要务，它害怕陌生人，特别害怕小孩，具有惊人的狩猎本能。我多年来教导学生，TTouch 和正增强＊有助于改善多数行为问题，但是

＊ 译注：正增强（positive reinforcement）：一种行为出现后，出现动物喜见的事物，于是这种行为变得较常发生。例如，狗狗趴下来，即出现一块牛排可以吃，它就会变得常常趴下。

毕比·迪恩和伊利亚，毕比已担任德国 TTouch 协会会长数年。

毕比也是德国马匹 TTouch 季刊的编辑，该季刊满载着有趣的文章及个案研究。

伊利亚比任何我见过的狗都需要更多协助，而且需要做更多 TTouch，它让我开动脑筋！

"这是测试我的理论的大好时机，我真正想要的是一只陪同我骑马穿越森林的狗，不用牵绳也不会惹麻烦。琳达认为我应该放弃这一点，给它戴上牵绳，原因是伊利亚不是那种可以在森林里放任它自由活动的狗，但我接受了这个挑战！

"伊利亚教会我，TTouch 对于提升合作意愿多么有帮助，现在我有一只带给我无限喜乐的超棒狗狗。它陪着我长途骑马，不用牵绳，它跳越树枝和石头的速度及敏捷性让我惊奇，只要我轻声呼唤，它就会回到我身边，即使小径前方几米处有只鹿正穿越小径。

"我们一起学习的过程中，我一次都没有对它大骂，或甚至使用任何形式的负增强 *，我对我们感到极其骄傲。伊利亚（我的挑战）是个很棒的成功例子，我现在可以说百分之百深信，即使遇到极困难的狗，如果你知道你要的是什么，也懂得TTouch，你与狗狗能达到的合作程度将是你无法想象的。"

卡琳·彼得费林和尚普斯

卡琳·彼得费林是生物学家，也是德

---

* 译注：负增强（negative reinforcement）：动物不喜见的事物一直持续存在，直到行为出现才消失，于是行为变得较常发生。例如，狗狗想睡觉，你一直戳它烦它，于是它钻到你没法够到它的床底下，以后它就会常常钻到床底下睡觉。

卡琳·彼得费林和狗狗查布里斯。她是生物学家，也是伴侣动物 TTouch 疗愈师课程和人类 TTouch 疗愈师课程的讲师。

卡琳和被耳朵 TTouch 救回一命的尚普斯。卡琳是位自然医学疗愈师，同时还积极参与动物救援。

国人类 TTouch 疗愈师课程的讲师及主办人。她写道：

"尚普斯是耳朵 TTouch 的神奇实证：两年前，有匹马猛然后踢，踢中了它的头，尚普斯飞落到 4 米外，落地时耳朵和鼻子冒出血来，我把它抱起时它已失去意识，鼻梁也骨折了。琳达说过的话'紧急时马上做耳朵 TTouch'突然从我的脑海里蹦出，我立即开始搓抚它的耳朵，从根部抚到耳尖。

"过了不久，尚普斯清醒过来，朋友开车载我们去宠物医院，一路上我持续给它做着耳朵 TTouch，当我为了喂它一点救援花精而稍微停止 TTouch，它再度丧失意

识，身体变得紧绷，癫痫发作，我马上恢复做耳朵 TTouch，它又恢复了意识。

"宠物医生给它打了针，减少鼻子的肿胀，但是没给我们多大的希望。他说它的脑部受到很大创伤，我们需要有最坏的心理准备：尚普斯活过那一晚的机会极为渺茫。

"我把尚普斯带回家，我先生安德烈与我整晚轮流给它的耳朵做 TTouch，我们没有停过手，因为我们每次休息不做，它就会丧失意识。

"幸运的是，那一晚我们挚爱的狗狗不但活了下来，还完完全全康复了。如今，尚普斯是我忠实的工作伙伴，陪同我参加

TTouch 示范讲座，也喜欢跳'狗狗之舞'。我无法以言语表达我多么感激在它发生意外之际，琳达让我懂得做 TTouch。"

盖比·冒和提巴

盖比·冒是德国的第三级伴侣动物 TTouch 疗愈师，她写道：

"我一直在寻找温和尊重的动物训练法，由于我最早的两只狗狗养得轻松没有问题，我认为没有必要带它们去上课或调整行为。

"这一切在我们第三只幼犬提巴来到我们生命里时完全改变了，它极度恐惧，我们完全不明白原因，然而它 2 岁大时，医生诊断它开始出现遗传性眼疾，提巴到了 3 岁已失明，因而大大改变了它的世界：它变得极度缺乏安全感，有墙可以倚靠，它才会站起来，当我们带它外出，它会黏在我们身边，如果我们试图托起它的脚掌，它就会咬人。此时我们发觉，当提巴还是幼犬时，一定已有视觉问题，只是我们当时没看出来。

"我们领养了一只 3 岁母狗芬妮与它做伴，但不幸的是，它会因恐惧而咬人或咬狗。那时刚好琳达·泰林顿琼斯预计要

盖比·冒和 5 岁的比利牛斯牧羊犬（Pyrenean Shepherd dog）奎威夫，它已成为盖比疗愈诊所里的重要助手。

通过 TTouch，提巴虽然失明但变得安定冷静，照片中盖比和提巴正参加一场狗狗展。

在德国亚琛举行狗狗 TTouch 示范讲座。我对于她让讲座中的狗狗出现的迅速改变感到欣喜兴奋，她使用的方法充满冷静安定和温柔碰触，没有一丝攻击性、强势或压力，这正是我一直以来所寻觅的方法。

"我的狗对于 TTouch 也同样感到欣喜和喜爱，然而我变得停不下来，强烈感受到我需要与其他狗狗及主人分享这么棒的知识，1981 年我参加了狗狗的 TTouch 疗愈师课程。

"我教过疗愈诊所、实操工作坊及个案客户，而且在过去 5 年中也与最大的训犬机构合作，评估异常犬只行为，看看

丽莎・莱佛特和假狗杜咖（Durga），示范各式 TTouch 辅具时它永远是耐心服从的模范。

TTouch 可以提供什么帮助。

"TTouch 以许多不同方式改变了我的人生，我很感谢琳达为我们所有人做出的贡献。"

丽莎・莱佛特和高菲

丽莎・莱佛特是第三级伴侣动物 TTouch 疗愈师，她居住在瑞士伯尔尼和法国蔚蓝海岸，她写道：

"我个人的 TTouch 成功故事始于 13 年前，当时我住在乡下，家中 5 个月的杰克罗素梗犬高菲最喜爱的休闲活动是和我家猫一起追老鼠，但在它把老鼠吞下肚后，乐趣就结束了，它不断严重胃痛，持续多日，有碍它的成长和发育。

"为了避免它胃痛，宠物医生建议我在高菲外出时给它戴上嘴套，但对我来说，我无法接受这个方案，所以我开始寻找其他方法。

"一位朋友告诉我，有位美国女士拉拉狗耳朵就能让它恢复平衡，刚好附近有间诊所在举办课程，我觉得参加也没有什么损失，就报名了。

"我立刻对 TTouch 着了迷，我爱琳达对动物表达的尊重和意识，我想要把这个方法纳入我的人生。我是个殷勤热切的学生，很快就在高菲耳朵上画着圈，轻抚耳朵，做腹部托提，并且用绷带给它包裹身体。

"高菲接受度很高，享受着这种身体碰触法。我感到那个周末强化了我们之

琳达和我正以"家鸽旅程"（Journey of the Homing Pigeon）的技巧带领贵宾犬吉亚可摩。带领狗狗在进阶学习游戏场练习时，人永远站在平行于狗狗肩膀的位置很重要。

间的联结，我在那个周末之后持续使用 TTouch，几天后我的小狗显然不再有消化不良的问题了。

"那件事让我心服口服，我非常感谢有这个很棒的礼物，马上报名了为期 3 年的 TTouch 疗愈师课程，我将能够参与自家动物和任何我遇见的动物的福祉，对此我非常兴奋。如今我是第三级 TTouch 疗愈师，有幸与许多狗狗及它们的主人分享令人惊叹的 TTouch。

"高菲现在是老太太了，但是它仍坚持跟着我教授工作坊，从它的睡篮里监督我们的活动，确保一切井然有序。它要求每天进行 TTouch 以帮助它增强体力，也让它有健康的感受。它依然喜欢穿梭在进阶学习游戏场上，这有助于它年迈的身体保持专注及协调性。TTouch 对我来说是很棒的工具，让我能够借以感谢我家狗狗给我的耐心、奉献与合作。"

黛比·柏兹和尚娜

黛比是伴侣动物和马匹的 TTouch 疗愈师课程讲师，住在美国奥勒冈州的波特兰市。她写道：

"我教授 TTouch 时热衷推广的概念之一是教导狗狗生活技能，不只是教狗狗服从指令，因为许多狗狗把服从做得很好，但是当没人给它们指令时，它们就会出现极具破坏性的行为，导致家庭问题。当时

黛比·柏兹在奇奇身上使用 TTouch，她在美国及世界许多地方教授 TTouch 疗愈师课程，你在《释放狗狗潜能》(*Unleash Your Dog's Potential*) DVD 里可以看到她示范使用身体包裹法。

5 岁的巨型雪纳瑞尚娜威胁到家中主人之间的关系，它不断哀鸣的行为使主人罗伯特极为困扰，以致他怀疑自己是否能够继续和尚娜生活在同一个屋檐下。他和妻子乔安妮参加了训犬俱乐部，尝试以许多不同方法让尚娜停止哀鸣，但是徒劳无功。绝望之下，他们带尚娜来找我上一堂一对一的课程。

"我检查它的身体时，发现它被剪过的双耳极为紧绷，几乎像是灌上水泥般牢牢固定在头上。我在它全身上下做 TTouch，并且再回到耳朵做了几次，让它的细胞在没接受 TTouch 的时间里得以处理 TTouch 带来的信息。课程结束时，尚娜的耳朵已经释放紧绷压力，实际上双耳还变长了。

"TTouch 的基本理念之一是'姿势改变，行为就会改变'，这对尚娜来说绝对属实，单只是让它的耳朵放松并且释放它头部的紧绷压力就出现了显著效果。另一个 TTouch 的原则是'你的想法改变，你的狗就会改变'，我也鼓励尚娜的主人想象它表现出安静的样子。进行 TTouch 的后果（我相信，他们改变了对尚娜的期望）是它停止了哀鸣。我认为这堂课里我帮助了一只狗，还挽救了一段婚姻。"

卡西·卡斯加德和艾尔夫

卡西·卡斯加德是狗狗 TTouch 疗愈师课程的讲师，她主管被救助的狗狗，居住在美国俄勒冈州。她写道：

"在我们的 TTouch 工作中，我们有时遇到的动物曾遭遇过不同形式的忽略、虐待或暴力，通常是人类导致的，听到这些可怜的故事叫人很难承受或很难不感到愤怒，但是当下更重要的是专注于我们眼前的动物。我们的目标是帮助它们脱离过往经验的局限，发挥它们的最大潜能。"

艾尔夫从斗狗场里被人救出，在某个救助机构待了一段时间，中途看护人茉莉·吉伯带它去找过卡西。

卡西说："茉莉和艾尔夫第一次来找我时，它蜷缩在车内地板上，不肯下车。再怎么哄或拿出好吃的零食都没用，艾尔夫就是不愿意动！当然，我们是可以把它拖下车或抱下车，但是这么做会与我们提供给艾尔夫一些选择及获取它信任的目的相违背。"

最后，卡西的狗印蒂在开启的车门前来回走动，花了数分钟才把艾尔夫诱出车外。

艾尔夫极度恐惧，初期几堂课为了建立它对人的信任，采取缓慢的小步骤的方式，每次只让它体验一种事物。卡西开始让艾尔夫使用身体绷带，减少它四肢僵硬定格及碰触敏感的情形，她说："第一次为时不长，当艾尔夫觉得需要离开，我就让它这么做，提供给它选择似乎能减轻它的恐惧，到后来它开始靠近我，待在我身边，让我做久一点的 TTouch。我们的目标是让艾尔夫接受几种让它感到安全的全新感官体验，让它获得自信。"

卡西·卡斯加德让一只参加疗愈诊所课程的狗狗试戴头颈圈（现今 TTouch 已不使用头颈圈，由适当的胸背带代替）。她在进阶学习游戏场利用 TTouch 作为狗狗表现良好的奖励。

卡西的 TTouch 对艾尔夫的影响在几个月后越来越明显，此时茉莉带着改头换面的艾尔夫参加一场卡西的周末工作坊，卡西满心欢喜地向大家报告："艾尔夫在那个场合表现得太棒了！见证艾尔夫在陌生环境里以新的自信和能力面对很多不同的人，对茉莉和我而言是个意义重大的时刻。"

艾迪珍·伊顿和阿楼

艾迪珍·伊顿是狗狗和马匹 TTouch 疗愈师课程讲师，住在加拿大渥太华附近。她说：

"阿楼是只年轻的大丹犬，身体精壮腿又长，它的姿势却让它看起来比实际身高矮了十几厘米。主人南希带阿楼参加疗愈诊所的课程，希望它能克服羞怯，并且改变它害怕时就去车库尿尿的习惯。

　　"我立刻注意到阿楼的头低着，紧夹着尾巴，对周遭环境缺乏兴趣，而且需要倚靠在南希身上，当她往旁边移动一步，阿楼马上靠近她，倚在她身上。倚靠在人身上常被视为情感表达，但较准确地说，这代表心理缺乏平衡及自信。

　　"我没法把阿楼的腿抬离地面做腿部绕圈，我猜想在它被牵引散步时是否也显示缺乏平衡，没错！它会暴冲扯绳。我怀疑阿楼的平衡问题是引发尿尿问题的因素，唯有在车库里它才能感到安全，才敢以三条腿站立。

　　"阿楼的嘴巴也很干，脚掌冰冷僵硬，尾巴紧绷，经常屏住呼吸，我们在它的很多身体部位做 TTouch 以协助它找回身体平衡及克服羞怯。我们把我 TTouch 工具箱里的每样工具都用了一次，从进阶学习游戏场开始，我使用平衡牵绳带领它，我马上注意到当我要它走慢一点，它就会失去均衡的走路步调。

　　"腿部的蟒提式 TTouch 能促进循环，并且让它能接地踏实地走路，对它很有帮助，而在脚掌和嘴部做黑猩猩式 TTouch 也一样有帮助。我在它非常干燥的嘴巴内进行 TTouch 之前会先把手弄湿。也利用尾巴 TTouch 改善它的姿势及自我形象。

　　"我们给阿楼绑了半身绷带，借以鼓

艾迪珍·伊顿成为 TTouch 疗愈师已多年，在北美、欧洲、南非、新西兰和澳大利亚教授疗愈诊所的课程。

励它深呼吸，也提高它的柔软度，平衡牵绳教导它把重心平衡分散在四条腿上，肩膀及腹部的鲍鱼式TTouch以及轻柔拉扯尾巴对于改变它的姿势也有帮助。我们利用'家鸽旅程'的技巧让它产生个体的空间感。

"结束时，阿楼看起来像是一只全新的狗，它的头和尾巴举得高高的，也能够环顾四周。它不再倚在主人身上，而是以四条腿平衡站着。腿部绕圈变得轻易不费力，它也不再暴冲扯绳了。

"还有，主人非常开心的是，它不再去车库尿尿了。"

罗苹·虎德和她的比利时牧羊犬罗伊。罗苹是我姐姐，和我共同创办泰林顿TTouch系统，她在世界各地教授疗愈诊所的课程，并且是《TTEAM Connection》的编辑。

罗苹·虎德和罗伊

罗苹·虎德是狗狗和马匹TTouch疗愈师课程讲师，住在加拿大英属哥伦比亚省弗农市，开设了"冰岛马场"。她写道：

"如果说一只强壮的大型比利时牧羊犬能毫不费力地在陡坡上下来回跑，也能迅速穿越泥地和高低起伏的地势，却没法好好走上屋里的几级楼梯，这听起来很疯狂，可是我的狗罗伊以前就有这个问题。

"它在与我生活之前从未进过屋内，它能够在上下两侧开放的楼梯上行走，但是如果楼梯有一侧贴墙，它就无法这么做，当时我们的卧室在楼上，它很想上楼，但是害怕这么做。

"我开始给它包裹身体绷带，而且只要求它接近最下面一级的楼梯。我在它身体上做了一些耳朵滑抚、Z字形和鲍鱼式TTouch。我坐在楼梯上，给它一点食物吃，就放在第一级楼梯前面的地上，接下来它在第一级楼梯上吃了点零食。我滑抚牵绳，要它再靠近一点，它一只脚踏上第一级，然后另一只脚也踏上去。我在第二级楼梯上方喂了它一些零食，然后只是让它站在那里一会儿，接着就把它带离楼梯，告诉它："可以了！"就此打住。

"在两个小时内，它就能自己走上楼梯。与其大肆强调楼梯的存在，只是让它稍微'体验'一下有什么可能性，让它自己想一想，它仿佛吸了口气，然后就认为自己做得到了。"

泰林顿 TTouch

泰林顿 TTouch 是一种温柔触碰身体的方式，包含画圈、托提和滑抚，以手在全身施行。TTouch 的第二个字母 "T" 代表英文词 "信任"（trust），人们称 TTouch 为无需言语的跨物种语言，当你给你的狗做 TTouch，你将体验到与它的神奇联结。本章里我将引导你认识不同的 TTouch 手法。

TTouch 身体碰触法
对狗狗有何影响？

TTouch 是种非语言性语言，使人狗的联结更加深入，只要每天做几分钟 TTouch 即可对狗狗的态度、性格及行为产生惊人的正向效果，也能促进它的健康。

TTouch 身体碰触法的目标是活化细胞的生命力和功能，也唤醒细胞智能，进而产生身心平衡，随着狗狗获得自信，你和它之间也会产生更多信任。

TTouch 刺激身体的自愈能力及学习能力。神经学家安娜·怀兹（Anna Wise）曾与心理生物学家暨生物物理学家麦克斯威尔·凯得（Maxwell Cade）共事，凯得博士发现，当人处于最有效率的心智功能状态，两个大脑半球都明显出现 α 波、β 波、θ 波和 δ 波的持续模式，凯得博士称之为"心智觉醒状态"（Awakened Mind State）。

安娜发现，当在人类身上进行画一又四分之一圈的 TTouch，所有四种脑波都受到刺激，形成理想的学习状态，甚至更惊人的是，施做 TTouch 的人和接受者都出现了相同的特殊脑波。

安娜进一步以马匹进行研究，结果显示，接受 TTouch 的动物在两个大脑半球里的所有四种脑波也出现相同的活化情形。1985 年莫斯科比特萨奥运马术中心的俄罗斯宠物医生进行研究，结果显示，接受 TTouch 的马匹压力荷尔蒙浓度降低了，在我的网站 www.ttouch.com 上你可以找到更多关于这些科学研究的信息。在我的《释放狗狗潜能》DVD 上你可以看到狗狗接受 TTouch 碰触法后前后差异有多大。

TTouch 支持智能

美国韦氏字典对"智能"的定义是"适应新情况的能力"。TTouch 在教导动物适应可能产生压力的新环境时非常有帮助。

动物如同人类，有时会感到压力。TTouch 这个绝佳工具可缓解压力带来的负面影响，让动物的状态转为放松、提升学习时的"开放心态"及学习能力，并且接受当下情境，这种状态有助于狗狗和主人面对新事物或艰难情况时不害

TTouch 帮助我和这只首次接触的狗之间产生信任和尊敬。

怕或担忧。

有了 TTouch 的帮助，你可以巩固以信任为基础的强烈人狗联结，一只信任你的狗会为了你赴汤蹈火！

通过 TTouch，你的狗将对自己的身体更有意识，也将感到更有自信。TTouch 有助于减少恐惧、紧张及紧绷压力，有些 TTouch 手法可能看似按摩，但 TTouch 非常不同于按摩，它使用非常轻的力道，而且它的手法对于活化细胞有特定的作用，我喜欢把这种作用称为"点灯"，目标是提升体内每个细胞的疗愈潜能。

TTouch 九大要素

泰林顿 TTouch 系统有九个要素，熟悉这些要素，就能成功运用它们。

1. 基本画圈

手不在皮肤上滑动，而是在肌肉上"移动"皮肤。想象皮肤上有个时钟钟面，从 6 点钟（底部）开始，以顺时针方向移动皮肤一圈，然后继续画至 9 点钟（钟面左方），这样的一又四分之一圈是 TTouch 基本画圈。通常应该是顺时针方向，然而请留意画圈方向。如果你的狗不喜欢顺时针画圈，在改变力

TTouch 让这只狗的身体感到更舒适自在，并且支持它的情绪及肢体平衡。

道、速度或尝试不同 TTouch 手法之前，先试试逆时针方向画圈。

2. 力道分级

TTouch 力道分为十级，从第一级到第十级，然而给狗狗做 TTouch 时应该只用到第一至第四级。开始时先使用最轻的力道，即第一级力道，谨记：你的主要目标是支持细胞功能和沟通。

第一级力道

要感受一下不同力道，用一只手扶住另一只手臂弯折起来的手肘，把大拇指放在脸颊上，再用手指轻轻移动眼睛下方的

细致皮肤，画一又四分之一圈，留心不要在皮肤上滑动手指。换成在手臂上以同样的方式画圈，注意第一级力道几乎不会让皮肤出现下压的痕迹。

第三级力道

要感受第三级力道，把手指下移约两三厘米至颧骨处，让弯曲中指的指腹重量明显与颧骨连接，感受画一个圈。改成在手臂上以相同力道画圈，观察皮肤下压的程度，注意第一级和第三级的差异，第二级力道介于两者之间。

要诀：找出你和狗狗都觉得适当的力道。遇到伤口或发炎处，用较轻的力道：第一级或第二级即足够了。第三级是极常用的力道，一旦你的 TTouch 做得较为熟练，你将直觉知道适用当时情形的最佳力道。

3. 节奏

"节奏"是让皮肤画完一又四分之一圈所花的时间，我们会用到 1 秒至 3 秒。如果要让狗狗兴奋起来，使用 1 秒至 2 秒

的速度画圈；如果想让狗狗安定或专注，使用 2 秒的速度画圈。1 秒画圈在减少肿胀及舒缓急性疼痛时最为有效。谨记：当你想刺激狗狗，画圈画快一点，当你想要安定狗狗，画圈画慢一点。

4. 用心觉察的暂停

在身体上做了几次画圈后，做完画一又四分之一圈时手保持连接，稍停片刻，我们戏称它为 P.A.W.S.（A Pause that Allows a Wondrous Stillness，带来奇妙沉静感受的片刻暂停），让狗狗有时间整合新的感受。

5. 把 TTouch 联结起来

TTouch 可以在狗狗全身上下施做，与其随机跳着部位做，更好的做法可能是沿直线进行，完成画圈后轻轻将手指滑动到下个施做点，一般施做方向是由身体前端至后端。然而，遇到疼痛、敏感或受伤的区域，不要连接 TTouch 施做点，而是手指离开身体，在空中平顺地移至下一点，轻轻连接皮肤，再画下一个圈，我们称之为"编织"（weaving）技巧。

6. 身体姿势

你的狗狗可以站着、坐着或趴着。确保自己处于舒适的位置，你才能放松地做 TTouch。给小型狗狗做 TTouch 时，把它放在桌上或和你一起在沙发上会让你感到较为舒适。

若狗狗在地上，找个舒适安全的位置。如果狗狗紧张或你不认识它（例如收容所狗狗），安全起见，请避免在它上方弯下腰。如果是只恐惧或激动的狗狗，坐在凳子或椅子上会让你保持平衡，也可以轻易移动远离。

为动物施做 TTouch 时使用双手，用一只手做 TTouch，另一只手与狗狗做联结并让它保持姿势。

做头部或耳朵部位时，用另一只手托住狗狗的下颚。进行背部 TTouch 时，用另一只手支持狗狗的胸部或同时在身体对侧的同一部位进行 TTouch 会很有帮助。

7. 用心觉察呼吸

人专注时屏住呼吸是常见的人类行为。用鼻子吸气再噘起嘴唇缓慢呼气可以让你保持安定专注又充满活力，因为这种意识性呼吸会产生供氧效果，称为"呼气末正压"（Positive End Expiratory Pressure，简称 PEEP），观察这个呼吸方式对狗狗的呼吸有何影响，如何让它保持安定放松。

8. 意念

TTouch 的主要意念是，对于你希望的狗狗行为、表现及人狗关系抱持正向的画面，知道你可以以意念影响狗狗的行为和健康。

我居住在夏威夷，我在当地从一位精神领袖处学到一个所谓"完美与麻烦"（Pono and Pilikia）的练习。"Pono"意谓完美状态，理想的生命状态，"Pilikia"意谓重大创伤事件或剧变，依我们的用途，它代表的会是你想改变的问题或行为。

"完美与麻烦"练习有助于你改变狗狗的行为，人类常见的特点是只看见狗狗的问题，而忘记好的方面。狗狗的失控行为可能令人非常受挫，所以请把你的想法写下来，协助自己体认你的狗狗为你的人生带来了什么礼物。

对一些个案来说，这个练习有助于厘清狗狗是否不适合主人家庭或不适合原本要它担任的工作。多数个案里，主人认识到问题没有他们以为的那么严重，而且得知可以通过泰林顿 TTouch 找到解决方法时，都松了一口气。

拿一张纸，在正中央画一条竖线，在左上方写上"完美"二字，然后在下方列出所有你最爱你家狗狗的事。在右上方写上"麻烦"二字，再在下方列出所有你希望狗狗改变或改善的不良行为。

成功秘诀一

对于狗狗的行为或健康，不要用眼睛看，而是用你的期望看待它！

假设你的愿望成真，感受一下当你真的达成目标时会有什么情绪，让欢愉的感受贯穿全身，与你完美健康的狗狗一同庆祝。你的狗狗出现的行为会与以下相关：

- 你的**期望**
- 你的**姿势**
- 你的**清楚表达**
- 你的**反应**
- 你的**指引**

在你心中和想法里留存完美狗狗的画面，这将为你的狗狗打开一扇门，让它成为你期望的样子。

9. 回馈

既然你的狗狗没法说话，请你倾听它的语言，留意最微小的信号。记录狗狗可能表现的任何安定信号、叫声、回避或肢体信号。你最先需要学习的是，狗狗遇到以下状况时有什么征兆：

- 恐惧和羞怯
- 过动，过度敏感
- 无法专注
- 无法变通，学习受阻
- 攻击行为

狗狗表现不自在的其他信号如下：

成功秘诀二
记住你的狗狗很完美

　　一旦你发展出对自己重复说"我的狗狗很完美"的习惯，你将向它传达看见它如此"完美"是件很棒的事，你和它的联结将更加深刻。

　　有句英文谚语说："连续 21 天做某个动作，你将获得一个习惯。"在此很适用，当你连续 21 天重复做某件事，它将变成"你的"，你不用思考就能做出这个动作。

　　寻找狗狗可改善的小小步骤，专注在上面，然后你将注意到一切都会水到渠成。

- 屏住呼吸
- 定格不动
- 尾巴夹在双腿间
- 肌肉抽动
- 躁动难安
- 任何呈现没有安全感或紧绷压力的征兆

　　你应该表示你已接收到信号，做法是改成在狗狗的另一个身体位置施做 TTouch，或改变 TTouch 的手法、力道或速度，向狗狗显示它能信任你，你也愿意倾听它担心什么。

安全提醒

- 如果你不是专业训犬师或 TTouch 疗愈师，只给自家的动物做 TTouch 较为安全。
- 给自家狗狗做 TTouch 时，你应该对它了如指掌，也不应该害怕它做出任何可能的突发性自卫动作。永远要小心。

- 永远不要直视被惊吓的狗狗或具攻击性狗狗的眼睛，有些狗狗可能将其视为威胁，然而一定要用眼角余光瞄着它的脸部，而且双眼保持柔和友善。
- 从狗狗侧面接近它，并且从它的肩膀开始做 TTouch。
- 要察觉狗狗的回馈，它看来紧张或担心时，换个 TTouch 手法或移至另一部位做。
- 许多狗狗喜欢躺着进行 TTouch，但有些狗狗较喜欢站着或坐着。确保自己很舒适，保持手腕打直，留意自己的呼吸。
- 在狗狗头部或耳朵进行 TTouch 时要支持它的下巴。如果狗狗的背部或髋部酸痛，在你做尾巴或背部 TTouch 时，用另一只手围住它的胸部。
- 要让正在扑跳或转圈的小型犬定住别乱动，用大拇指绕过项圈，并用手的其他部位围住它的胸口。

建立信任和注入舒适感

鲍鱼式 TTouch

由于整个手部的接触能提供温度及安全感，这个手法适用于生性敏感的狗狗。你也可以用它协助紧张的动物安定放松。如果狗狗对于碰触或梳毛极为敏感，鲍鱼式 TTouch 有助于让它克服恐惧和不再抗拒。

方法

要做鲍鱼式 TTouch，把手轻放在狗狗身上，整个手以一又四分之一的基本画圈移动皮肤，重要的是，力道只要足以移动皮肤，不会让手在皮肤表面滑动。鲍鱼式与卧豹式 TTouch（见 p.52）非常相似，但因为鲍鱼式 TTouch 移动皮肤画圈时是用整只手（而非用手指），比较容易做。

用另一只手建立联结，轻轻支持着身体。鲍鱼式 TTouch 的节奏通常是两秒钟，永远用极轻的力道。如果狗狗处于疼痛状态，使用第一级力道；如果某些部位紧绷，使用第一级或第二级力道。

完成画圈后，沿着身体把手滑动到下一点再重新开始画圈，这么做把两个画圈点连接起来。

做了三四次 TTouch 画圈后，用心觉察地暂停一下，让神经系统有时间整合 TTouch 带来的信息。

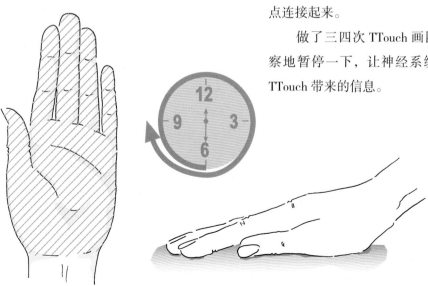

图解示范

① **胸部**　用鲍鱼式 TTouch 安定紧张的狗狗以及放松狗狗胸部紧绷疼痛的肌肉都效果极佳，手的温度对这个效果很有贡献。

② **头部和嘴部**　在狗狗头部两侧做鲍鱼式 TTouch 是在为嘴部 TTouch 做准备。有安定作用的鲍鱼式 TTouch 在头部两侧产生沉静的联结及信任感，照片中我用双手温柔地托住狗狗的嘴部，让它感到安定，也建立信任。

③ **背部和胸肋**　沿着妮娜的背部和胸肋缓慢进行轻柔的鲍鱼式 TTouch，使用第二级力道和 2 秒钟画圈法，它放松地趴下并合上眼。我在它胸肋部位横向进行连接起来的鲍鱼式 TTouch。

Q：
如果给狗狗做 TTouch 时，它会乱动不好好站着该怎么办？

　　刚开始时，对于紧张、害羞或年轻的狗狗，你可能需要轻柔地限制它的行动范围。如果你的狗狗开始时安静，但在你开始做 TTouch 后躁动或想离开，以下是几个可能的解决方式：

- 调整你的力道和速度
- 意识到自己的呼吸，放轻松
- 把你的手指放松
- 分散到全身不同部位做 TTouch
- 专注于把圈画圆
- 确保 TTouch 的区域没有敏感或疼痛问题
- 改用不同的 TTouch 手法
- 想象狗狗放松的画面
- 每回保持短短的时间就好
- 开始时画圈速度快一点（1 秒钟），再逐渐变慢

有安定作用，获得更深层的联结

卧豹式 TTouch

卧豹式 TTouch 的接触区域是手指，可能包括所有指节或只有部分指节。虽然在身体上画圈时，手掌只轻触到身体，但的确也会移动皮肤。如果你在小型犬的腿上做 TTouch，只会用到手指的第一指节移动皮肤。这个手法是用来建立信任和放松的，很适合作为提供温度及安全感的鲍鱼式 TTouch 与专注精确的云豹式 TTouch 之间的过渡桥梁。

方法

把手轻轻放在狗狗身上，如下图所示，用手指内侧移动皮肤做基本画圈，在身体上做时的接触区通常是手部的阴影区域，但是有些情形（例如 TTouch 头部或腿部）就不会接触到手掌。

如下页图 1 所示，用另一只手围住狗狗的身体，大拇指与其他手指一样接触狗狗的身体，但它不用画圈。

2 秒钟画圈有安定作用，且带来身体意识，每当你完成画圈，滑至几厘米外的下一个点，连接起下个圈。

几次 TTouch 之后，在 9 点钟位置用心觉察，暂停一下，让狗狗有机会能够完全体验 TTouch。

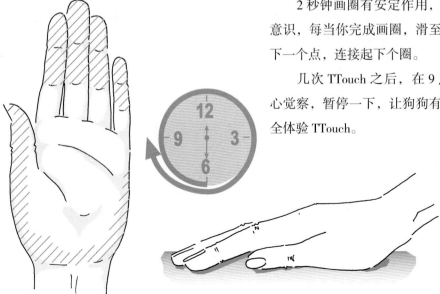

图解示范

①-② **头部和颈部** 许多狗狗喜欢头部被人用心地碰触，然而，如果你的狗狗很独立或胆怯，起初可能必须从肩膀开始做，先让它接受碰触。然后在狗狗额头、嘴巴两侧、嘴巴下部和颈部轻柔地进行卧豹式TTouch，建立起它的信任。

③ **肩膀** 紧绷的肩膀肌肉使狗狗的步伐和呼吸受限，用轻柔的卧豹式TTouch放松紧绷的肩部肌肉，减少狗狗的恐惧、紧张和过动，并且成就更佳的身心情绪平衡。

④ **大腿和腿部** 你可协助髋关节发育不全的狗狗、密集训练后肌肉疲劳的狗狗或对巨响反应激烈的狗狗，方法是在大腿内侧和外侧做卧豹式TTouch。从大腿最上端开始，沿直线方向做连接起来的卧豹式画圈，直至脚掌，完成多次画圈后，在9点钟位置暂停2秒钟。

提升身体意识、注意力及联结

云豹式 TTouch

云豹式 TTouch 是 TTouch 的基本手法，所有其他的画圈式手法都是云豹式 TTouch 的变化型。施做此手法时应该稍微弯曲手指，指腹稍微并在一起，视狗狗的体型而定，你可以使用极轻力道（第一级）或在大型犬身上使用第三级力道。经常使用此手法，你的狗狗将发展出更多信任及合作意愿。此手法已证实对于紧张和焦虑的狗狗尤其有效，也有助于狗狗面对新情境和挑战性情境（例如服从训练或比赛）时感到更有自信。对于缺乏安全感的狗狗或患有神经性疾病的狗狗，云豹式 TTouch 也可以改善协调。

方法

把手（稍微弯曲手指）放在狗狗身上，轻轻并着手指，移动皮肤一又四分之一圈，图中阴影区域是应该接触到狗狗皮肤的区域。

把大拇指歇放在狗狗身上，用其他手指和狗狗建立联结。手腕尽可能保持打直及灵活度，你的手指、手、手臂和肩膀应该保持放松。另一只手也要放在狗狗身上，有助于维持你的平衡。

这个手法最常使用两秒钟画圈，力道为第二或第三级。完成一个云豹式 TTouch 后，想象自己沿着一条直线，把手指滑过毛发，来到下一个点，连接起下一个云豹式 TTouch，这么做能改善狗狗对于自己身体的意识。每 3～4 次 TTouch 后暂停一下，有助于狗狗整合效应。

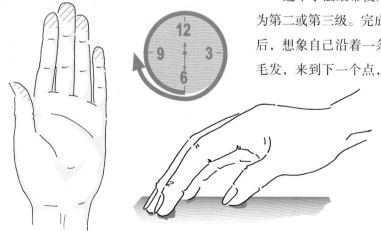

图解示范

① **从头部至尾巴** 在狗狗全身施做云豹式 TTouch 将让它更能意识到自己的身体，也提升它的良好感受。从头部中央开始，以直线方式做联结 TTouch，通过颈部、肩膀和整个背部，继续以类似方式，走平行直线做联结 TTouch。

②-③ **前腿和后腿** 紧张焦虑或羞怯的狗狗可以通过腿部的 TTouch 获得自信，站立时也会变得比较接地踏实。如果它愿意接受的话，从腿部上端开始做，沿着腿施做至脚掌。狗狗可以站着或坐着，看它采用哪种姿势最舒适。在脚掌做 TTouch 时使用第二级力道。

用于受伤、肿胀或敏感的部位

浣熊式 TTouch

浣熊式 TTouch 是最小也最细腻的 TTouch 手法，对于敏感的身体区域尤其有用，也能加速愈合。

遇到较小的身体部位（例如脚趾）或者狗狗有伤口或关节炎时可使用此手法，浣熊式 TTouch 常用于幼犬或小型犬种，以极轻力道使用此手法时可在短时间内减少疼痛或敏感区域。它可加速伤口愈合，为伤处带来更多抚慰。

方法

弯曲指尖，视指甲长短可弯曲 60～90 度角，这个 TTouch 手法使用指尖，即指甲后的指端，以轻柔力道（第一级或

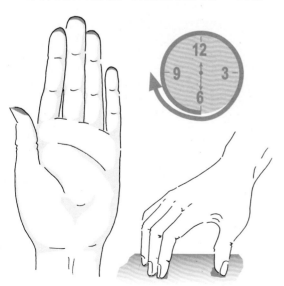

第二级）画出一又四分之一的小圈。

以大拇指作为连接点可以把圈画圆，也可以保持力道轻柔。

浣熊式 TTouch 是较快速的 TTouch 手法之一，通常画一又四分之一圈约花一秒钟，不过放慢速度至两秒钟对于伤口愈合很有用。对于急性创伤，在伤处周围使用第一级力道，或者可以改为使用第一级力道的卧豹式 TTouch。

有时会遇到狗狗甚至连以大拇指做支点都无法承受的情形，此时我们会尽可能把手放松，避免使用大拇指。有时我们只用到一两根手指，如果在幼犬的嘴里做 TTouch，可用蘸湿的棉签代替手指。

图解示范

1. **背部、髋部和大腿** 对于狗狗背部疼痛或紧绷的情况，我推荐在脊椎两侧进行力道极轻的浣熊式 TTouch。每天花几分钟在髋部以第一级力道施做两秒钟的浣熊式 TTouch 可以让髋关节发育不全的狗狗保持多年健康无碍。有些狗狗发展出保护伤腿的习惯，即使伤口已愈合，利用浣熊式 TTouch 还可以重新教导神经系统，在细胞层面释放疼痛的记忆和预期，并且让狗狗多多意识到那条腿现在已伤愈，负重是安全的。

2. **下背部及髋部** 老狗在肾脏上方的下背部及髋部可能会肿胀硬化，力道非常轻的浣熊式 TTouch 有助于狗狗增加对该部位的感觉并减少肿胀。使用最轻的力道很重要，因为问题的改善并非来自 TTouch 的力道，而是来自对伤处提升的意识和对细胞自愈潜能的活化。可以并用浣熊式和卧豹式 TTouch。

3. **尾巴** 照片里，我正在狗狗的截尾处施做力道极轻的浣熊式 TTouch。截尾和截肢可能导致一辈子的"疼痛幻觉"（phantom pain），在截尾或截肢处做许多极轻的小小画圈可以消除这类记忆，并减少缺乏安全感的感受。截尾处常极为紧绷，浣熊式 TTouch 可消除紧绷，你也可以轻轻用大拇指扶着尾巴另一侧，用其他手指和大拇指与狗狗建立起联结。

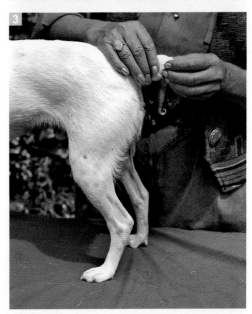

疗愈和止痒

熊式 TTouch

浣熊式 TTouch 和熊式 TTouch 很相近，差异在于熊式 TTouch 用到指甲，非常适用于发痒的狗狗或肌肉厚实的狗狗。

方法

以手指的第一指关节直接压在狗狗皮肤上，画一又四分之一圈时主要使用指甲。如果是肌肉厚实的部位，用指甲和指尖转动肌肉之上的皮肤，画个小圈，把手指并起来做。要有效进行熊式 TTouch，你的指甲应该是中等长度，约 3～6 厘米长。

先在自己身上做熊式 TTouch，你自己感受下指甲的力度。力道应该在第一级和第四级之间。你可能会想在受到刺激或发痒的身体部位盖上块冷湿的布，再隔着布做熊式 TTouch。遇到虫咬、皮肤过敏的区域或急性湿疹（hot spots）部位只使用轻微力道（第一至第三级）。

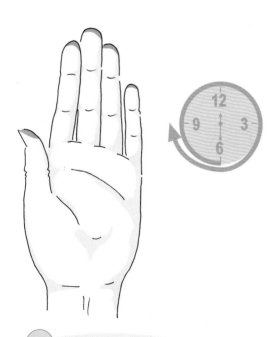

1

Q：
如果狗狗无法维持坐姿或趴姿，该怎么办？

　　让狗狗保持不动可以稳定狗狗的肩膀或项圈。专心画出完美的圆圈，并且保持一致的速度和力道。尝试做几个逆时针方向画圈，有些狗狗反而觉得比较放松；然而，在它安定之后应该恢复顺时针画圈。动起来可能会让狗狗安定下来，所以你可能会想带它散一下步或穿越练习场中的迷宫，过程中可以做些 TTouch（见 p.122）。

图解示范

(1) **头部**　照片里可以看到我稍微变化熊式 TTouch 的做法。我把手指稍微分开来，在狗狗头上同时使用四个手指，使用非常轻的力道缓慢进行，所有手指同时律动，当心不要让手的重量增加额外的力道。

(2) **肩膀**　遇到肌肉厚实的肩膀时，我会把手指并起来。熊式 TTouch 可提升身体意识和促进循环。

(3) **骨盆**　熊式 TTouch 对于发痒或肿胀部位可能有帮助。一开始先使用轻柔的第一级力道，如果狗狗喜欢的话再加重力道。

缓解发痒，集中注意力

虎式 TTouch

虎式 TTouch 对于舒缓瘙痒和急性湿疹极有帮助，也有助于获得过动狗狗的注意力，并且能为毛发丰厚、无法感受到其他 TTouch 手法的狗狗带来身体意识。虎式 TTouch 对于提高瘫痪狗狗复健时的身体意识也极为有效。使用第一级和第二级力道效果最好。

方法

要做虎式 TTouch，把手朝下，手指垂直于狗狗的身体，以指甲接触皮肤。手指间隔约一两厘米，用来止痒或扩大施做范围。对于肌肉厚实的狗狗或大型犬可以增加它的感觉及意识。大拇指保持不动，以稳定其他手指的动作。另一只手放在狗狗身上保持连接，用以平衡及保持狗狗姿势。

图解示范

如果你的狗狗兴奋或躁动，从肩膀开始，以一秒钟做 3～4 次画圈 TTouch 的节奏，然后把速度放慢，做两秒钟的虎式 TTouch，画圈之间用心暂停一会儿，慢慢注入安定感。对于瘙痒区域及急性湿疹处，用狗狗能够接受的轻柔力道做两秒钟虎式 TTouch。如果急性湿疹处有刺激性或有开放性伤口，覆上一块干净的布，再隔着布做 TTouch。

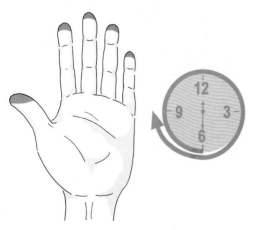

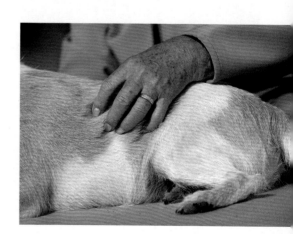

三头马车式 TTouch

三头马车式 TTouch 是较新的 TTouch 手法之一，被视为结合式 TTouch。以最轻的第一级力道用指甲进行虎式 TTouch 是与狗狗联结的不错方式，我称这个变化手法为"有趣的 TTouch"（Intriguing TTouch）。依结合手法的不同可能会使狗狗变得精神振奋或放松，可以刺激循环系统或有安定作用。如果你想练习这个手法，找位朋友试试看。

方法

如果想产生放松效果，开始时使用熟悉的云豹式基本画圈，移动到 9 点钟位置时把手指张开画大弧（好比弹奏竖琴时拨弦的方法），在皮肤上画四分之三圈，不移动皮肤。由于画了一个弧，手停下时会来到另一个位置，接着在此做下一个三头马车式 TTouch。结合卧豹式 TTouch 和三头马车式 TTouch 会有安定的效果，相反地，如果结合虎式 TTouch 和三头马车式 TTouch，会让动物精神为之一振，或者让它感到"很有趣"，希望你再多做一些。当你想要"唤醒"狗狗或想静静结束一回TTouch，三头马车式 TTouch 可能效果非凡。

多数狗狗很喜欢三头马车式 TTouch，但如果动物的背部或其他身体部位紧绷或疼痛，我则不建议使用。对于羞怯或紧张的狗狗，可使用缓慢轻柔的 TTouch 或探索"有趣的"虎式 TTouch。

图解示范

背部　从脖子背后开始做三头马车式 TTouch，沿着脊椎往尾巴做。要获取兴奋或过动狗狗的注意力，一开始时做快一点，然后再放慢做。也可以在一回放松的 TTouch 后，利用三头马车式 TTouch 让狗狗振作精神。我的狗狗雷伊（Rayne）喜爱力道尽可能轻柔的"有趣的"虎式 TTouch。

适合不喜欢被碰触的狗狗

骆马式 TTouch

骆马式 TTouch 以手指的指背施做，敏感恐惧的狗狗不会把手背的碰触视为威胁，对于这类狗狗先使用骆马式，一旦它开始信任你，便可以使用其他手法。

方法

骆马式 TTouch 使用手背或指背画一又四分之一圈，力道永远很轻，可以只使用指节或整只手。和平常一样，从 6 点钟开始，移动皮肤一又四分之一圈。

骆马式 TTouch 也可以使用手掌侧面进行，很适合用于初次接触的陌生或紧张的狗狗，这个变化手法也适用于手指不灵活的人。

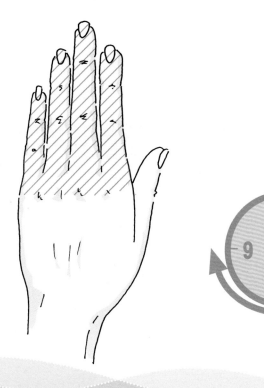

Q :
如果狗狗拒绝 TTouch 怎么办?

遇到这类个案, 骆马式 TTouch 通常很适用, 许多狗狗害怕 "张开的手" 会抓住它, 所以初次碰触害怕的狗狗时最好使用手背, 比较没有威胁性, 才能使许多紧张的狗狗接下来容易接受轻柔碰触。

图解示范

①-④ **脖子和背部** 照片中我以指背进行骆马式 TTouch, 同时我把左手放在狗狗背部, 没有做 TTouch。我的接触力道非常轻, 但足以移动皮肤画圈。

建立信任

黑猩猩式 TTouch

黑猩猩式 TTouch 类似骆马式 TTouch，也可用于初次接触狗狗，因为它能促进信任。当狗狗的位置处于不易张开手进行 TTouch 的状况时，这个手法也很有帮助。

方法

朝着掌心弯曲手指，用第二指节背面做 TTouch。如果在幼犬或体型很小的狗狗身上做，则调整手法改用第一指节（如下右图所示），以指背画一又四分之一圈，

你将注意到使用这个"小黑猩猩式"（baby chimp）时，手指的灵活度会增加，和动物的联结更轻柔。

先在自己身上试用黑猩猩式 TTouch，开始时先使用第三级力道。

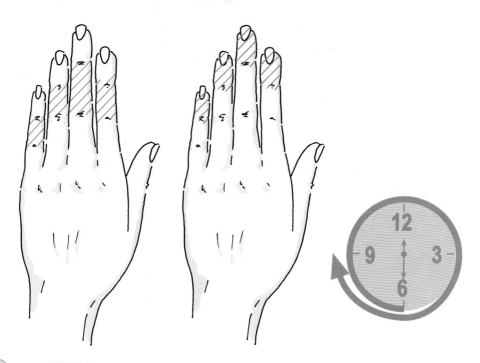

Q：

如果狗狗不喜欢在它后半身做 TTouch 怎么办？

换到另一个位置继续做 TTouch，并且仔细观察狗狗的反应，看看它是否出现"安定信号"。从脖子开始做，往尾巴方向进行，使用比之前轻很多的力道，并且速度放慢。狗狗后半身可能有疼痛或它可能会害怕，因此建议你先改用另一个 TTouch 手法（例如骆马式），或者以软棒小心地滑抚狗狗，也可使用软棒前端在狗狗的后半身上画小小的圈，直到狗狗感到较自在为止。

图解示范

① **头部到嘴部**　狗狗对于碰触头部和嘴部敏感时，黑猩猩式 TTouch 就非常有用。从狗狗的脖子开始，往头部和嘴部施做联结起来的黑猩猩式 TTouch。

② **髋部**　多数感到恐惧的狗狗，背部和后半身都很紧绷，对于张开手的 TTouch 可能会反应激烈。要意识到自己的呼吸，开始做时先以第一级力道，在肩膀上做联结起来的黑猩猩式 TTouch，小心地往髋部方向施做。酸痛部位（例如患有关节炎的髋部）可使用一根手指的黑猩猩式 TTouch，多数狗狗起初会接受它，之后便会喜欢上它。

③ **红毛猩猩式 TTouch**　红毛猩猩式 TTouch（Orangutan TTouch）增添了另一个层次的轻柔及意识，结合黑猩猩式和小黑猩猩式，使用第一和第二指节的指背，手指稍弯，手腕和手臂打平。

放松和安定

蟒提式 TTouch

蟒提式 TTouch 尤其适用于羞怯、紧绷、过动或缺乏协调的狗狗。恐惧、害怕、紧绷和过动会限制狗狗对自己身体的意识，也限制它适当使用身体的能力，蟒提式 TTouch 有助于让狗狗更加"贴地踏实"，因而提升身心情绪的平衡。蟒提式 TTouch 也有安抚及放松的效果，增加循环和减少紧绷，对于老狗或有疼痛部位的狗狗是很棒的，手的温度是这个手法的额外好处。

方法

把手放在狗狗身上摊平，轻柔缓慢地把皮肤和肌肉往上移，动作配合呼吸，暂停个几秒钟。用另一只手抓着项圈或扶住胸口稳住它。在不改变接触面积及力道的基础上，缓慢让皮肤回到原点，如果你松开皮肤的时间是上提时间的两倍，放松效果将更佳。在腿部施做蟒提式 TTouch 时，每次完成后就向下滑移 1～2 厘米，直到抵达脚掌。在身体上做蟒提式 TTouch 时每次移动相同距离，依平行线进行。

如果狗狗出现紧迫信号怎么办？

恐惧、有攻击性和过动的狗狗处于紧张状态，脚掌通常较凉又敏感，结果脚部意识不佳，也变得缺乏安全感。蟒提式 TTouch 让狗狗感受到自己与地面的连接以及安全感。对于竞赛犬和工作犬，蟒提式 TTouch 可以改善表现且减少乳酸堆积，它也能改善敏捷度、灵活度、平衡及步伐的均匀程度。

图解示范

蟒提式 TTouch 可在肩膀、背部、腹部及腿部进行，照片中示范如何在狗狗腿部施做。

① **前腿** 从侧面接近狗狗，用整只手包围前腿肘部下方，如果是大型犬可使用双手，小型犬则只使用手指。做完第一个蟒提式 TTouch，把手往下滑后再做一次，如果狗狗可以接受，持续做直到抵达脚掌。

② **后腿上半部** 双手摊平包住大腿，双手大拇指在大腿外侧，或者双手各在大腿内外侧。为安全起见，唯有你很了解狗狗，确定它在你朝它弯腰下来不会空咬或开咬时才这么做。对于害怕巨响的狗狗，在这个部位做蟒提式 TTouch 特别有帮助。

③ **后腿下半部** 由于后腿下半部较细，你可以用双手包住它或只用一只手，以任何你和狗狗感到最舒适的方式进行蟒提式 TTouch。来到脚掌且完成腿部托提时，从上而下沿着整条腿做诺亚长行式 TTouch（见 p.76）。

刺激循环和促进深呼吸

盘蟒式 TTouch

这个手法结合画圈式 TTouch 和蟒提式 TTouch，画圈式 TTouch 唤醒狗狗的专注力，接下来的蟒提式 TTouch 鼓励狗狗和人都出现更深沉的呼吸，进入放松且专心的状态。

方法

使用 TTouch 基本画圈手法（例如卧豹式 TTouch），把皮肤依顺时针方向从 6 点钟处开始移一圈，再到 9 点钟位置。此时手不离开，而是把皮肤往上提，但不提至紧绷，暂停一下再轻轻把皮肤回到 6 点钟位置。

在身体上画完 TTouch 圆圈之后，在

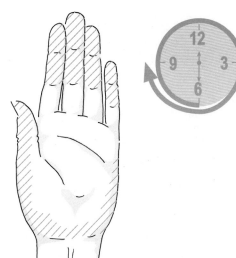

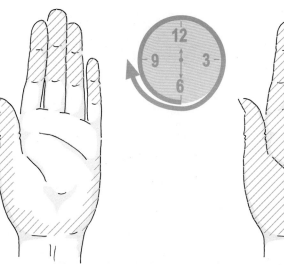

毛发上轻作滑移，然后再做下一次，感受圆圈之间的连接，你的连接滑移做得越用心，你越能成功地让狗狗感受到平衡、专注和意识，以平行于脊椎的直线进行画圈和滑移，然后沿着腿部依垂直线进行。

进行腿部 TTouch 时，从腿部上端开始，沿腿做到脚掌。在大型犬腿部做轻柔蟒提式 TTouch 时，把大拇指放在腿的一侧，以其他手指轻轻包住腿部，"托提"后轻轻导引皮肤回到原点，然后往下轻滑两三厘米，再做下一次。在小型犬腿部做时，轻轻用手指的第一指节和大拇指指腹扶住皮肤。腿部盘蟒式 TTouch 有助于安定狗狗，让它感到接地踏实，也让它更专注。

图解示范

1 **肩膀** 有时以双手稳定狗狗会有帮助，照片中我示范在狗狗右肩做盘蟒式 TTouch，这个与狗狗联结的姿势加上 TTouch 让狗狗感到有安全感及平衡感。

2 **前腿** 在小型犬身上做时，调整为只使用两三根手指，用大拇指协助其他手指托提。

3-4 **后腿** 我在后腿上并用鲍鱼式和蟒提式 TTouch，并用另一只手托住后腿下半部稳定它。我从大腿上端开始做，并且联结起所有的 TTouch，直到脚掌处。

減少敏感度，增加自信及刺激循环

蜘蛛拖犁式 TTouch

这个 TTouch 手法是古代蒙古"卷动皮肤"手法的变化型，能释放狗狗的恐惧，降低对碰触的敏感度，并刺激循环，对于碰触紧张或身体意识不高的狗狗也有帮助，你也可以此提升狗狗对你的信任。在自己身上或别人身上试用蜘蛛拖犁式，体验它的放松效果。

方法

把双手并拢放在狗狗身体上，指尖应该朝着手法行进方向"走"，两个大拇指朝向侧面，轻轻碰在一起。食指同时往前走"一步"，约 2～3 厘米，让大拇指在后面跟着移动，像犁一样，大拇指前的皮肤将被稍微卷起，接下来用中指走一步，用食指和中指轮流一步步往前走，同时拖着大拇指走。这些应该都是平稳流畅的动作，在狗狗背部的不同部位，依从头至尾的方向走几条平行于脊椎的"直线"，在直线尽头让手指继续"走到空中"，这样做会有不错的持续作用，狗狗会很喜欢。

要安定狗狗，慢慢从肩膀做到尾巴；若要刺激它，就把速度加快并逆着毛做。

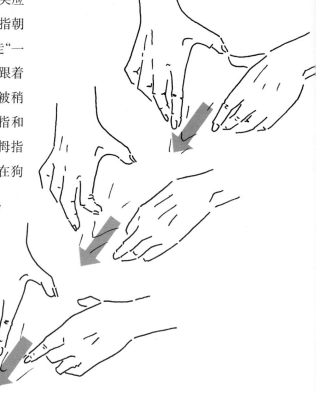

图解示范

①－⑤ **从背部做到头部** 把手放在脊椎两侧，如果狗狗担心身体后半部被人碰触，从肩膀开始，慢慢朝着尾巴方向做过去，照片示范由尾巴往头方向的蜘蛛拖犁式TTouch，可刺激狗狗的循环。

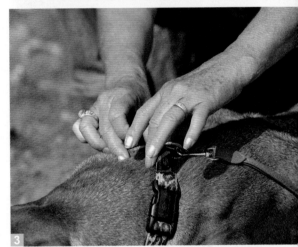

放松、安定和刺激

毛发滑抚

毛发滑抚是与狗狗建立联结的绝佳方式，因为这样对人狗都有放松效果。所提供的美好体验对害怕美容的狗狗很有帮助，发根连接着神经系统，所以毛发滑抚极适用于患有神经问题的狗狗。

方法

　　用大拇指和食指抓一撮毛发，或把手摊平，以指间穿过毛发，轻轻从发根滑至发梢。一次滑抚可以在指间滑过很多毛发。把手打开，手指稍微分开，插入毛发间后把手指并拢，再从发根轻柔地把手掌旋转90度，滑抚到发梢。

　　尽可能从接近发根的地方开始做，并且顺着毛发生长方向。如果你缓慢轻柔地进行毛发滑抚，将大幅提升你和狗狗的关系，你将发现这样不只会让狗狗放松，也会让你放松。

图解示范

① **头部** 多数狗狗喜欢你在头部做缓慢温柔的毛发滑抚，可安定紧张或害怕的狗狗，并且建立良好关系。毛发滑抚对于不断吠叫或哀鸣的狗狗也有帮助，用一只手扶住狗狗嘴部下方可以稳定它的头部。

② **肩膀** 会暴冲的狗一般都是因为过动、紧

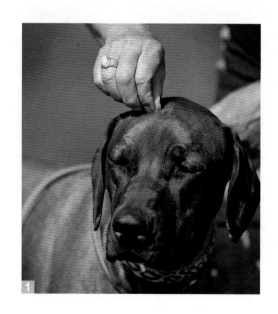

张或容易兴奋，而且肩膀通常很紧绷。试试用毛发滑抚让肩膀放松，摊平手掌，指间进行大范围毛发滑抚可以给狗狗带来深层放松，用另一只手支持狗狗对侧的肩膀。如果是毛长的狗狗，把手指分开，往上方滑抚毛发。

③-④ 背部 对于无法轻易接受其他TTouch手法的狗狗，毛发滑抚可能是它会喜欢的TTouch入门手法，在狗狗背部以温柔关爱的方式进行毛发滑抚可以让狗狗产生更多的背部意识和柔软度。背部的大范围部位可以用手施做，较小部位则使用手指。

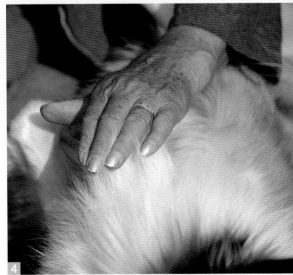

提高对身体的意识

牛舌舔舔式 TTouch

牛舌舔舔式 TTouch 是一种滑抚式 TTouch，这个轻柔滑抚毛发的动作从肩膀到背部、从腹部中线到脊椎，可以改善狗狗的柔软度和动作流畅度，特别适用于要改善摆杆、跨栏及转弯动作的敏捷犬，以及在服从课程里要改善平衡和柔软度的狗狗。在运动后使用牛舌舔舔式 TTouch，可恢复狗狗的身体活力。这个手法可提升循环并改善狗狗的身体意识。

方法

进行牛舌舔舔式 TTouch 时，把手掌摊平做具有放松作用，如果把手指弯曲做则具有刺激作用。从肩膀开始做，把弯曲的手指稍微分开，滑抚至背部上端，然后从腹部中线滑到背部。每次滑抚的起点都间隔几厘米，直至做到狗狗的后半身。结束时轻轻滑抚至尾巴末端。这个具有安抚作用的手法可改善狗狗的健康和平衡。

Q：

如果狗狗躁动不安怎么办？

确保自己的双手柔软放松，紧贴狗狗身体，也要保持安静规律的呼吸，把手摊平，脑海里保持"正向的画面"。

图解示范

①-④ **肩膀到脊椎** 我从肩膀开始，轻轻滑抚过毛发，手指保持稍微分开和稍弯，然后继续沿着狗狗侧面来到脊椎。我的手指保持放松才能流畅滑抚，穿过狗狗的毛发，每次滑抚的路径间隔约几厘米。

诺亚长行式 TTouch

它是滑抚式 TTouch 之一，我们常用它来结束一回合的 TTouch。画圈式 TTouch 唤醒身体不同部位的意识，而诺亚长行式 TTouch 滑抚则把整个身体联结起来，并且整合画圈式 TTouch 的效果。

方法

手轻轻放在狗狗身上，从头部到背部到后半身平顺地滑抚，狗狗趴着（如 p.77 照片）或站着都可以使用这个手法。多数狗狗较喜欢以轻柔的力道进行这个手法。

图解示范

① **肩膀** 我把手放软，从肩膀开始，沿着背部用手滑抚到髋部，照片中的梗犬处于放松状态，但依然聆听着，并且享受着这一手法。

②-④ **身体** 这个姿势也可以做。我正用心觉察地以手进行滑抚，沿着狗狗背部来到髋部，我的手指稍微分开，同时确保维持着梗犬喜欢的碰触方式。狗狗站着也可以这么做。

获得狗狗的注意力，使它安定或被激发

Z 字形 TTouch

Z 字形 TTouch 对于获得初次碰触、感到紧张或过动狗狗的注意力很有帮助，缓慢进行时有安定效果，加快速度进行时有刺激或激发效果。Z 字形 TTouch 把身体的不同部位联结起来，进行时应该带有韵律感。

方法

Z 字形 TTouch 的名字暗示了它的移动方式。把手指分开，沿着不断以 5 度改变方向的 Z 字形曲线移动并且穿过毛发。把手腕打直，手指张开放松，如果狗狗躁动不安，起初几次 Z 字形 TTouch 稍微做快一点，然后再放慢速度。

图解示范

①–④ **到身体上端** 从肩膀开始做 Z 字形 TTouch，手指分开，沿着与脊椎呈斜角的路线往上移动，然后并拢手指，再以斜角沿肋骨滑下，继续做 Z 字形滑抚动作到狗狗后半身。当狗狗感到紧张时，在你站着或坐着的狗狗同侧进行 Z 字形 TTouch，不要越过狗狗身体。

Q :

如果是老狗怎么办？

Z 字形 TTouch 最适合用来激发老狗或身体僵硬的狗狗。在狗狗身体两侧进行多次 Z 字形 TTouch，从不同的起点开始做，可以接触到身体的最多部位。

安定作用

毛虫式 TTouch 🐾

毛虫式 TTouch 以双手进行，对于纾解肩膀、颈部和背部紧绷非常有效，特别适用于恐惧或紧张的狗狗。它是因为毛虫移动的方式而得名的。

方法

双手放在狗狗背部，相距约 5～10 厘米，轻轻推动双手（双手推近），暂停一下再让皮肤回到原位。若要增加放松效果，确保让皮肤回到原位的时间约为双手向内推时间的两倍，在狗狗背部的不同位置做毛虫式 TTouch，确保深呼吸可获得更放松的效果：两手向内推时吸气，暂停动作时开始吐气，释放皮肤回到原位时即结束吐气。

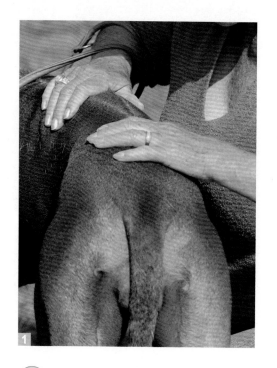

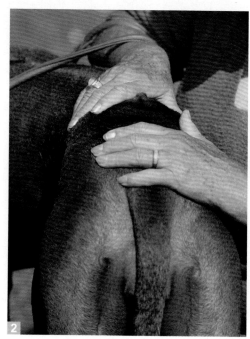

图解示范

①-② 我在这只罗得西亚脊背犬背上做 TTouch。左边照片显示我的手在原点位置，轻轻放在它背部，没有任何下压的力道。然后我再用双手向内推，移动下方的皮肤，右边照片显示我的双手靠得多近，你可以看到，双手之间的狗狗皮肤出现褶皱。

③-⑥ 这只梗犬处于放松状态，很喜欢我在它背部做毛虫式 TTouch。我从脖子开始做，直到靠近尾巴处结束，让它对自己的身体架构产生新的愉悦感受。重要的是，不可把手和手臂的重量枕在狗狗身上，不应该有下压的力道。花些时间做毛虫式 TTouch，它将成为你家狗狗的最爱。

释放压力、缓解紧绷和腹绞痛

腹部托提 🐾

腹部托提协助狗狗放松腹部肌肉，进而有助于舒缓腹绞痛及深层呼吸。当狗狗过动、害怕、表现出攻击性、紧张、怀孕、消化不良，有腿部关节炎、背部问题或起身困难时尤其有用。注意：有椎间盘问题的狗狗不可使用腹部托提。

方法

腹部托提可以不同方法进行，使用双手、毛巾或弹性绷带，如下页照片所示。无论使用什么方法，缓慢进行很重要。

举例来说，你可以运用蟒提式TTouch的相同技巧，温柔支持托提狗狗腹部，暂停一下再放回原位。托提时可以吐气或吸气，暂停一下，在回到原位时缓缓吐气。如果你使用绷带，持续往下移动，直到绷带变松，垂在狗狗腹部下方。若要获得预期的效果，缓慢回到原位非常重要，它也将成为狗狗最喜爱的托提部分。从前腿肘部后方的腹部开始持续托提，每完成一次就往后半身方向移动一点。自己身体保持放松舒适可改善腹部托提的质量。

图解示范

①-② **使用单手** 把左手放在狗狗腹部下方，右手在它背上，左手往脊椎方向上托施力，但不至于让狗狗不舒服。保持这个姿势，然后缓缓把左手移离腹部。记得缓慢回到原位非常重要。

③-④ **使用弹性绷带** 照片中我示范如何使用绷带，这只脊背犬的姿势显示它的不确定感，我从胸腔开始做，把绷带穿过前腿之间，另一边则贴在左肩后方的胸腔。第四张照片显示狗狗开始放松，把头放低，尾巴末端也开始放松。

比利时牧羊犬香妮，约 5 岁大，髋部无力

　　我姐姐罗苹的狗狗香妮髋部无力，后腿也非常直，从地面起身对它来说很不容易，X 光显示它关节有钙沉积。为了让疼痛减到最低，香妮避免以后腿承重，结果导致背部紧绷。罗苹协助它放松肌肉的方法，是经常用毛巾托提香妮的后腿。她把毛巾穿过香妮后腿之间，让狗狗的髋部减少负重，有如腹部托提般进行。罗苹在两边都做，放松了狗狗的肌肉，也减缓疼痛。当然，这个 TTouch 手法不能取代宠物医生的医疗，但你可以用来协助狗狗减少疼痛。

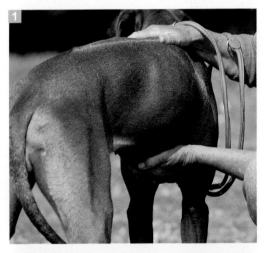

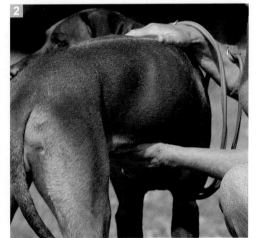

影响情绪和学习能力

嘴部 TTouch

嘴部 TTouch 发展狗狗对你的信任感及专注度，也发展出惊人的学习意愿，因为这个部位连接脑部主控情绪的边缘系统，所以嘴部的 TTouch 极为重要。这么做对每只狗狗都很好，尤其对注意力涣散、不理会主人、过动、长期吠叫或抗拒的狗狗，嘴部 TTouch 可以改变它们的态度及行为。对于清洁牙齿、宠物医生诊疗及必须接受裁判检视嘴巴的参展狗狗，嘴部 TTouch 也是很棒的准备方式。它用来改变攻击性狗狗的行为非常有效，但唯有经验丰富、能处理攻击性狗狗的训犬师或 TTouch 疗愈师才可以这么做。

方法

先从颈部和头部开始做卧豹式 TTouch，然后移动到嘴唇外围。当狗狗把下巴枕在你另一只手上，用手指在嘴唇下方滑抚，并且在牙龈上轻柔地做浣熊式 TTouch。如果狗狗躁动不安或出现抗拒，你可能必须回到身体上做，从肩膀到尾巴利用各式不同的手法发展出信任关系，然后再回到头部。嘴部 TTouch 需要有耐性和毅力，或许需要做几回 TTouch 之后才能成功，但它的成果非常值得努力。

图解示范

①-② **躺着** 开始时先在嘴部做很轻的卧豹式 TTouch，当狗狗对这个手法感到舒服，轻轻拨开狗狗的嘴唇，在牙龈上轻柔地做浣熊式 TTouch，手保持放松柔软，确保狗狗处于放松状态时再进行下去。

③-⑤ **坐着** 有时让狗狗坐着比较容易开始进行嘴部 TTouch。注意：我用右手在狗狗嘴巴外围进行卧豹式 TTouch 的同时，用左手支持着它的下巴。当狗狗能够接受，在鼻子上端轻轻做浣熊式 TTouch，并且拨开上唇，在上牙龈做 TTouch。要有耐性，一步一步依据狗狗能接受的程度做。你也可以把托住下巴的手往前延伸，以手臂稍微稳定狗狗的脖子，再用另一只手的手指轻轻拨开上唇。

如果狗狗对于嘴巴被碰触会紧张怎么办？

　　如果你开始做嘴部 TTouch，狗狗变得躁动不安，检查它的牙齿和牙龈，如果狗狗有牙垢（牙齿褐斑）或牙龈红肿发炎，带它去看宠物医生。如果牙龈和牙齿看起来健康，检查嘴巴是否干燥；如果嘴巴干干的，把手指蘸湿再试一次。嘴部 TTouch 让你经常有检查狗狗嘴巴和牙龈的好机会。

使狗狗安定专注、减少疼痛、防止休克

耳朵 TTouch

如果想要让兴奋或过动的狗狗安定下来，或者让过度冷静或精神不振的狗狗或竞赛或工作后疲累的狗狗振奋精神，耳朵 TTouch 是最有效的手法之一。已有数以千计的个案用它预防受伤后出现休克或减少休克的严重程度，耳朵 TTouch 对于所有的肠胃疾病（例如恶心想吐、便秘或拉肚子）可能有极大帮助，但必须配合宠物医生诊疗。耳朵 TTouch 激发狗狗的边缘系统，影响情绪，也影响所有重要的生理机能，可平衡它的免疫系统，并且支持身体自愈能力。

方法

以一只手稳定狗狗头部，用另一只手的大拇指和手指握住对侧的耳朵，大拇指在上方，想抚摸另一只耳朵时再换手。轻轻用大拇指滑抚耳朵，从头部中央抚至耳朵根部，再抚至耳尖。每次滑抚耳朵的不同区域，让整个耳朵的每寸皮肤都获得滑抚。如果狗狗是垂耳，轻轻扶起耳朵，让它与地面平行。如果狗狗是竖耳，滑抚方向则往上。

针灸成效研究显示，耳朵滑抚能影响全身机能：三焦经行经耳朵根部，对于呼吸、消化和生殖都有影响。

图解示范

①-③ **滑抚** 要让垂耳的狗狗放松，从头中央开始滑抚，来到耳朵根部再到耳尖，往狗狗的侧面方向移动。用大拇指和其他手指包围耳朵很轻地滑抚，用另一只手支持它的头部。

④-⑤ **画圈式 TTouch** 你也可用大拇指在耳朵上做画圈 TTouch。让耳朵和地面平行，沿耳朵边缘画圈，直到来到耳尖，然后依并行线在整个耳朵上进行画圈 TTouch。

如果狗狗有厚重垂耳怎么办?

遇到厚重垂耳，往狗狗的侧面方向滑抚耳朵，如此就不会往下拉扯耳朵根部，导致它不舒服甚至疼痛。

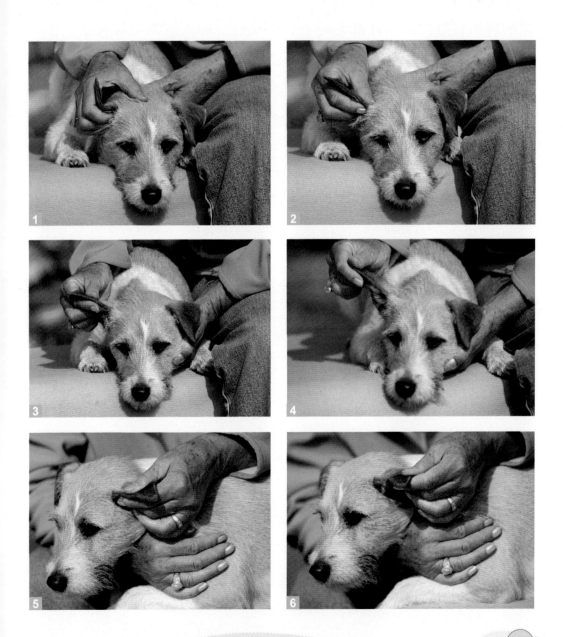

改善平衡和步伐

前腿腿部绕圈 TTouch

前腿绕圈提升狗狗的身心情绪平衡。这个动作释放狗狗颈部和肩膀紧绷的肌肉，也让它站在地上时更有安全感。用它改善竞赛犬或工作犬的步伐速度和跨步方式很有用，对羞怯的狗狗，对巨响、其他狗狗或陌生人有激动反应的狗狗，对新环境缺乏安全感的狗狗或谨慎行走滑溜地面的狗狗也很有帮助。

方法

你可在狗狗站着、坐着或躺着时做前腿绕圈。

不可强制进行动作，你要做的是在它没有抗拒时能够抬起它的前腿，如果很难做到就改变它的姿势。从任何最容易做到的姿势开始做，重点是改善平衡，在不伸展前腿的情况下，释放紧绷压力。以绕小圈的方式探索前腿的活动范围，如果狗狗试图把脚抽走，把脚掌往腿的方向弯折，或轻轻顺着它抽脚的方向移动。

你可能会发现移动某只脚比其他脚容易，这种差异可能因紧绷、不平衡或旧伤导致，在腿部或肩膀上施做其他 TTouch 手法可改善这种情形。

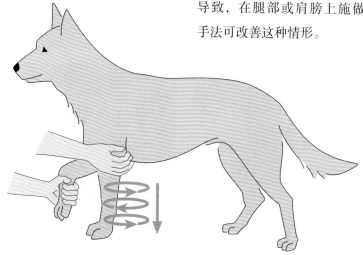

Q :

如果狗狗无法放松腿部怎么办?

　　如果狗狗对于碰脚或剪指甲敏感，一开始可能会抗拒腿部绕圈。先在肘部至脚掌之间的腿部进行蟒提式 TTouch，在脚掌肉垫上做浣熊式 TTouch，如下图所示，将另一只手放在肘部或肩膀上支持它的身体。要有耐心，注意自己的呼吸和姿势，确保自己姿势舒适。

图解示范

①-② **站着**　以一只手支持狗狗的肘部，另一只手轻轻抓住腕关节＊下部，扶着肘部的同时把前腿往前移动，然后往后方移动前腿时轻柔引导肩膀移动。要朝着地面方向绕圈，以手抓着脚掌，开始时扶住肩膀，让狗狗保持平衡。避免为了达到最大动作而推动或伸展前腿。

③ **坐着**　你可在狗狗坐着时施做相同动作，我用左手支持它对侧的肩膀。

④ **躺着**　放松侧躺的狗狗也可以做腿部绕圈，以你的另一只手支持它的肩膀。

＊译注：不是膝关节，因为是前脚。

改善平衡和协调

后腿腿部绕圈 TTouch

后腿的腿部绕圈 TTouch 可增加狗狗的自信。身体可动的范围及动作的幅度教导狗狗以新的方式使用自己的身体。工作犬和竞赛犬可以因此增加身体意识，也学习更有效地使用身体。后腿绕圈 TTouch 也可放松狗狗的肌肉，范围直至背部，有助于安定身体紧绷、紧张或害怕巨响的狗狗。不可对老狗、患有关节炎或髋关节发育不全的狗狗使用后腿腿部绕圈 TTouch。

方法

可在狗狗站立或躺下时进行。站姿最适于增进平衡，趴姿适于增加肢体可动范围。中小型犬在桌上进行较为容易。狗狗站立时，如果想为大型犬提供支持，用一只手扶住狗狗的膝关节，另一只用来把狗狗的脚抬离地面的手则抓着踝关节下部。如果狗狗平衡良好，用来支持的手可放在它胸部。以狗狗最容易平衡的高度绕小圆圈，而且顺时针或逆时针方向都绕圈，往前或往后移动都只在能轻易做到的范围内进行。

图解示范

①-④ **趴着** 用一只手托着膝关节，另一只手抓着踝部，轻柔地把整条腿从髋部到脚掌一起移动绕圈。狗狗的腿部放松后，把手滑到踝关节之下，托着脚掌。狗狗的后腿向后伸展时，狗狗应该会和图中的梗犬同样放松，图4中将狗狗的膝关节以顺时针和逆时针方向画圈。

⑤ **站着** 绕小圈以让狗狗容易平衡，而且也不会感觉到任何抗拒。确保绕圈要绕圆，动作流畅。一只手扶在小型犬胸口有助于让狗狗保持平衡，如果是大型犬，支持它的胸部下侧可能较为有效。

Q :

如果狗狗跛脚或袒护某只腿怎么办?

　　让狗狗趴着,小心地进行腿部绕圈 TTouch,只绕极小的圆圈,这么做有助于术后腿部复健。即使伤口愈合,疼痛的记忆依然留存,袒护那条腿会成为狗狗的习惯。先以较稳定的那条腿做轻柔绕圈可给狗狗带来自信感受,让它重新使用受伤的腿。

协助狗狗克服恐惧及缺乏安全感

脚掌 TTouch

最适用于以下狗狗：
- 恐惧、有攻击性、踩地无法踏实或过动的
- 对声响（尤其雷声）敏感
- 碰触脚掌感到不自在
- 抗拒剪指甲
- 害怕行走于"特殊"的表面，例如光滑地板

方法

你的狗狗可以坐着、躺着或站着，做些最能让它放松的 TTouch 手法。从腿部上端开始，往下做云豹式 TTouch，直到脚掌。如果你的狗狗担心腿或脚被人碰触，改变你的 TTouch 手法或回到它信任你也对你有信心的地方做。如果狗狗特别抗拒，短暂休息可能很有用。在脚掌上轻柔地做卧豹式 TTouch，做遍整个脚掌。如果碰到肉垫缝隙狗狗感到瘙痒，在这些区域使用较轻力道，并使用红毛猩猩式 TTouch（见 p.65）。如果肉垫间的毛发很长，它可能会感到特别痒，所以在剪指甲（见 p.95）之前先修短趾间毛。

图解示范

①-④ **从腿部至脚掌** 从腿部开始进行联结起来的TTouch，直到脚掌。

⑤-⑥ **脚掌上** 我在杰克罗素梗犬的脚掌上做联结起来的云豹式TTouch，它放松地侧躺着。当你的狗狗接受脚掌TTouch时，能这么舒适地待着，剪指甲将轻而易举！

Q:

如果接近狗狗的脚掌，它就把脚抽走，怎么办？

　　使用柔软的羊皮，沿着狗狗腿部，从上而下进行联结起来的TTouch。你也可以使用羽毛或水彩笔，增添不同触感。下一步是用狗狗自己的脚掌去碰另一只脚掌（见p.94），你也可以给狗狗一些零食让它有更愉悦的体验。

减少敏感度

利用脚掌做 TTouch

乍看之下，利用狗狗自己的脚掌进行 TTouch 的想法似乎很奇怪，尤其因为脚掌碰得到的身体范围并不是很大，但是这个做法的目的是减少脚掌敏感度，并让狗狗有安全感，以便未来能够经常给它在脚掌进行 TTouch。试试看，你可能会对它产生的效果感到意外。

方法

腿部 TTouch　我把狗狗的左脚掌放在右腿上，以脚掌在腿上画了几个圈，为了保护狗狗的关节，让它保持腿部的放松及自在很重要。在狗狗感到舒适的情况下，我引导左脚掌沿着右前腿往下做 TTouch，它处于放松并专注的状态。

无压力的做法

剪指甲

如果狗狗日常生活里无法磨掉指甲，定期修剪指甲便很重要。指甲太长对狗狗的姿势可能有不良影响：与其用整个脚掌承重，它将把重量转移至脚垫后部，这种不自然的姿势可能导致全身酸痛及紧绷。

方法

除了少数例外，指甲应该剪短到你不会听到狗狗指甲敲在硬质地板上的声音，然而，小心不要把指甲剪得过短。遇到难剪的狗狗，你可能需要另一个人帮忙。每次只剪几个指甲，而且常常有中场休息时间。许多狗狗对于电动磨甲器较不抗拒，而且感觉站着时把前脚脚掌往后弯折起来较为舒服。让狗狗选择它舒适的姿势（站姿、坐姿或躺着）。

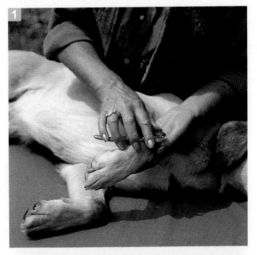

图解示范

1. **用指甲刀做 TTouch** 要让狗狗习惯指甲刀且信任你，使用这个工具在狗狗的腿上做画圈式 TTouch。

2. **剪指甲** 剪指甲时小心谨慎很重要，也要确保自己使用指甲刀时，另一只没拿指甲刀的手不会太过用力捏挤脚掌。

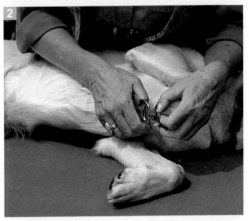

减少恐惧及攻击行为，注入自信

尾巴 TTouch

利用尾巴 TTouch，你可以协助狗狗克服恐惧和胆怯（包括害怕雷声或烟火之类的巨响），对看见其他狗会有激动反应的狗狗也有帮助。此外在受伤或手术之后，除了宠物医生的治疗，尾巴 TTouch 也可以舒缓疼痛，促进康复。

方法

狗狗的尾巴可能有许多不同意义。如果它放松地摇动尾巴，表明它处于安定状态；紧张、过动或缺乏安全感的狗狗可能不断快速地摇动尾巴。当狗狗的尾巴僵直不动，竖得高高的，这显示出它的强势或攻击性，而夹着尾巴的狗狗显示出它的害怕驯服。无论尾巴位置怎样，你都能改变它而影响狗狗的行为。

先从尾巴根部四周开始做卧豹式TTouch，接着沿着整条尾巴做浣熊式TTouch 或毛发滑抚，让狗狗放松并对你建立信任。当狗狗尾巴紧绷，在它贴着后腿内侧时用手同时包着后腿和尾巴做些TTouch，或者用手背沿着尾巴下侧滑过，避免让它感觉被抓住了。

尾巴绕圈有助于释放狗狗尾巴根部的紧绷。抓着靠近根部的尾巴部位，手部放松，稍微张开，避免抓紧尾巴。另一只支持身体的手放在狗狗觉得舒服的地方（腹部下方或胸口），轻轻辅助尾巴画小圆圈，顺时针和逆时针方向都做。

抓着尾巴根部，轻柔缓慢地把它伸展开，然后暂停一下，再用更慢的速度缓慢释放。放回原位的同时你的手可以轻轻顺着尾巴滑下。监测自己的呼吸，伸展尾巴时吸气，释放时吐气。

图解示范

① **TTouch 之前** 妮娜没有安全感，所以它夹
着尾巴。为了获得它的信任，我从它大腿
和臀部开始做三头马车式 TTouch。

②-④ **改变尾巴位置** 我用右手稳定狗狗，
用左手帮它的尾巴脱离夹着的位置，我小
心地托高尾巴，改变狗狗的姿势，然后我
把手沿着尾巴滑下一小段距离，再轻轻地
在尾巴上下移动，稍后我将以顺时针和逆
时针方向给尾巴做画圈动作。

⑤ **伸展尾巴** 我轻轻拉住尾巴，停住再缓慢
释放，让狗狗的脊椎放松，并且让狗狗对
身体出现新感受，妮娜的尾巴现在放松了，
走动时会自然摆动。

泰林顿 TTouch 训练辅具

我们使用特殊辅具协助狗狗找回平衡，不只是身体平衡，还有心理和情绪平衡。市面上每年都有新发明的辅具，我们总是为狗狗和主人不断找寻最佳的解决办法，本章介绍辅具的使用及建议。

我们为什么使用这些辅具？

教导狗狗散步时不暴冲扯绳的重点在于狗狗及主人的平衡，许多行为和生理问题因暴冲而发展出来，许多收容所的狗狗也因为这个行为而无人领养。

要教导狗狗以平衡方式散步不暴冲，泰林顿 TTouch 系统非常有效。利用特殊的牵绳搭配方式，在令人惊奇的短时间内就能教会狗狗以平衡方式散步，不必使用暴力或强势。

让狗狗恢复平衡

暴冲是被许多主人忽略的常见问题，因为他们不知如何应对，也没有理解到，暴冲施予颈椎、脊椎、骸骨（pastern）、肩膀、髋部和膝盖的压力可能导致生理伤害。

我们有多种工具可让狗狗恢复平衡，停止暴冲：

- 胸背带（TTouch 胸背带和自由牌胸背带）
- 平衡牵绳
- 平衡牵绳加强版
- 超级平衡牵绳

当牵绳一直有拉力，狗狗会暴冲得更厉害，可能导致牵绳另一端的人受伤。小型犬暴冲常常遭到忽略，因为它们的力道不足以对多数人造成困扰，但是小型犬身体承受的压力完全不亚于最大型的狗。

为了协助狗狗找到平衡，使用平衡牵绳、平衡牵绳加强版或胸背带，并且用双手抓持牵绳。

全力暴冲的强壮狗狗对颈椎施予很大的压力，狗狗的四肢关节都承受压力，呼吸也会受限。

这是平衡牵绳加强版，让你可以很快使狗狗恢复平衡，停止暴冲。

胸背带可以协助狗狗身体保持笔直，不再转圈圈，以后脚站立起来或退后。

　　要改变不喜见的行为，泰林顿系统的辅具包含许多不同选项，例如以头颈圈搭配普通项圈或胸背带、身体包裹法、安定背心、T恤等，随后将详尽介绍。我们也使用软棒，它是硬质马鞭，在传统训犬中比较少见（见 p.16 上图）。利用软棒碰触紧张狗狗的全身可以让它安定下来，用它

滑抚狗狗的脚可使它安定，让它专注。

　　我们把马匹的软棒使用经验用于狗狗，在许多情况之下它是非常有用的工具，如前章所述，不愿被人碰触的狗狗常较能接受软棒滑抚；以软棒作为手臂的延伸，用来指引狗狗往哪个方向行进也较为容易。

穿越进阶学习游戏场里的不同障碍，让狗狗超越本能行为，变得更能适应新情境，过动狗狗能变得安定踏实，怕生或恐惧的狗狗能产生信心，激动的狗狗能学习到自制，以思考代替直接反应，并且在人狗之间建立起合作态度和情感联结。

辅具

泰林顿 TTouch 系统的特殊辅具如下：

- **普通项圈**：适用于所有狗狗的泰林顿 TTouch 基本工具，我们以普通项圈代替 P 字链、收缩链或环刺项圈。

- **胸背带**：狗用的胸背带（见 p.107）。

- **身体包裹法**：包括一或两条弹性绷带，宽 5 厘米或 7.6 厘米。市面上买得到各种尺寸的绷带，选择适合你家狗狗的尺寸（见 p.110）。

- **软棒**：约 1 米长的硬挺马鞭，确保软棒不会卡在狗毛里，它应该表面平滑（见 p.16 上图）。

安全第一

- 黄金法则：只进行很短的时间，让狗狗有充足时间消化学习到的东西，不会因接收过多信息而承受压力。

- 每次只进展一步，逐渐提升期待，也要经常给狗狗休息时间。

- 使用进阶学习游戏场时，记得要让狗狗慢慢走，缓慢的步伐可促进学习。

- 你的教学越变化多端，狗狗适应不同环境的能力将变得越强，心智弹性也越好。通过每项障碍时要转换穿越方向，从狗狗的左侧或右侧都要练习带领。

- 大方运用称赞、TTouch 及开心的声音，有时也可使用零食。

- 学习狗狗的肢体语言和安定信号，观察它的姿势和表情来了解它的感受。

- 遇到不熟悉、恐惧或有攻击性的狗狗时要非常谨慎，不要对它们施加过多压力，它们可能会出现低吼或开咬的反应，如果你不是受过训练的专业人士，不要处理有攻击性的狗狗。

- 不要盯视紧张或攻击性狗狗的眼睛，许多狗狗会认为这是一种威胁。如果想和狗狗打招呼、给它进行身体包裹法，从狗狗侧面接近最为安全。

自由牌胸背带：可以把牵绳单扣于肩上的扣环，或者同时扣于胸前及肩上的扣环，抓持着把手，采用两点牵引。

小型犬暴冲问题常被忽略，但是请记得重要的是，让它暴冲可能对它造成伤害。照片中胸背带的两个牵绳接触点可抑制暴冲，而且对多数狗狗来说，胸背带比项圈舒服。

身体包裹法提供包覆感和支持感，可安定无法专注、过动或害怕巨响的狗狗，也让羞怯的狗狗获得信心，让老狗获得稳定感。

带领狗狗的简单方法

平衡牵绳

要使用平衡牵绳，把一般牵绳调整至横越狗狗胸前的位置，行走时人的身体和狗狗的头部对齐，身体稍微朝向狗狗，双手以大拇指和食指捏住牵绳。如果狗狗暴冲，利用往上提的信号让它的重心回归，再放松牵绳。当你这么做，狗狗能自己找到四脚落地的平衡，也较能够响应你的信号。

方法

牵绳应该至少有两米长，像平常一样把牵绳扣在项圈上，再往狗狗胸前绕一圈，双手各自抓住这一圈牵绳的两端（见下图）。使用双手作为两点接触是成功秘诀。

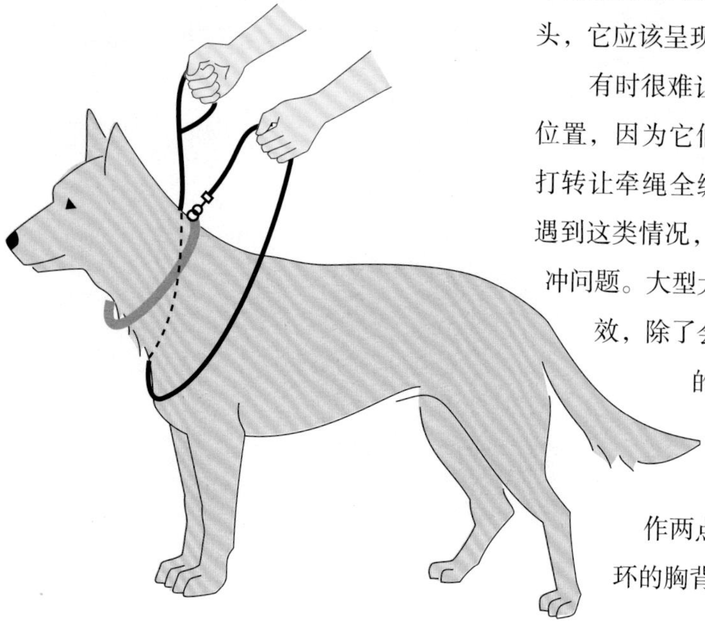

若要狗狗放慢脚步或停步，重新平衡狗狗的方法是，用手指在牵绳上做两三次轻轻"询问再放松"的微妙动作，目的是让狗狗不要重心前倾，把重心平均分散在四只脚上。第二个秘诀是，确保连接至项圈的牵绳保持松绳状态，检查连接处的牵绳扣头，它应该呈现晃动且水平的状态。

有时很难让牵绳固定在小型犬的胸口位置，因为它们经常会用前脚跨越牵绳、打转让牵绳全缠在一起或退出牵绳范围，遇到这类情况，我们推荐用胸背带解决暴冲问题。大型犬使用平衡牵绳可能非常有效，除了会打转、扑跳、以后腿站立的狗狗。遇到这类情形，我们推荐使用平衡牵绳加强版、超级平衡牵绳、可作两点连接的胸背带或胸前有扣环的胸背带。

有效带领

平衡牵绳加强版

如果你只有普通项圈和牵绳，狗狗突然因为看见猫或另一只狗而开始暴冲，这时你可以瞬间把普通项圈或胸背带变成平衡牵绳加强版，防止狗狗暴冲，让人和狗都恢复平衡。

方法

人站在狗狗右侧，位置与项圈平齐，左手沿着牵绳，往项圈上的扣头方向下滑；右手抓住牵绳末端，把牵绳垂到狗狗左前腿肘部后方的地面上，让狗狗只用左前脚跨过牵绳，再把牵绳往上提至碰到狗狗胸骨，把牵绳末端穿入项圈，由下往上拉起来（见照片）。

当狗狗暴冲时，确保连接项圈的牵绳端保持放松，并以横跨它胸部的那段牵绳抵住它往前的动作，当它的体重恢复放在四只脚的上方，马上放松拉力也很重要。可能需要重新平衡狗狗多次才能协助它保持平衡状态。你可以和狗狗说话，但不是下达服从指令：你想要的是狗狗发展出自制力，而不是依令行事。有了这一点练习，你就能够只用单手操控牵绳。

谨记：双手保持在狗狗背部上方，不要把它往前拉或往后拖。平衡牵绳和平衡牵绳加强版只是暂时使用的训练辅具，不应该用于长时间散步。散步时转换成合身的胸背带，搭配超级平衡牵绳，或者换成推荐使用的胸背带（请见胸背带章节）。

胸背带带领法

超级平衡牵绳

过去几年间，我们注意到平衡牵绳搭配胸背带对许多狗狗的效果很好，这个带领技巧改善平衡及协调，可以单手带领狗狗，或者必要时可以很快转换成双手带领。使用两端各有一个扣头的牵绳效果最佳。

方法

这只玩具假狗是示范超级平衡牵绳（照片中的条纹牵绳）很棒的模特犬。把第一个扣头扣在狗狗肩膀上方的胸背带圆环上，把较小的扣头穿入胸背带胸前中央位置的圆环里，再扣在对侧肩膀的圆环上。成功秘诀是，带领狗狗时人的位置永远与狗狗脖子位置对齐，如果人走在狗狗的肩膀后方，它会更倾向暴冲。

胸背带

自从我们 20 世纪 90 年代初期开始在狗狗身上使用 TTouch，胸背带的种类已大幅增加。以前胸背带只有一些，而且背部扣环多半趋近狗狗后半部，导致狗狗容易暴冲。然而，现在许多爱狗人士已利用市面上较新型的胸背带解决暴冲问题，即使家中狗狗通常不会暴冲，有些人也较喜欢使用胸背带，因为它不会在狗狗的脖子上形成压力。

方法

由于狗狗身心和情绪的平衡相互关联，我们会希望让狗狗的身体恢复平衡。市面上有一些胸背带（尤其只有一个扣环在胸前）的设计是让狗狗失去平衡，并且局限它的前腿活动。虽然狗狗因而不易暴冲，但是它同时也感到不舒服，或者可能加剧它的恐惧。

我们推荐两款胸背带：TTouch胸背带和自由牌胸背带（Freedom Harness），两者在胸前及肩上都有一个扣环。若以牵绳扣于肩上扣环的单点扣法遛狗，有些狗狗不会有问题，然而我们发现，以双头牵绳同时扣于胸前和肩上的两点扣法对许多狗狗都很有好处，它可提升你对狗狗的影响能力，也可以给它提供清楚的信号。

你可以使用单手抓着牵绳，或者使用可以滑动位置的把手。这种两点牵法对于有暴冲、无法专注、恐惧或激动反应问题的狗狗尤其有帮助。

许多胸背带为了改善舒适度而做了改良设计，可惜的是，并没有任何胸背带能够适合每一只狗。合适的胸背带应该给狗狗的肩膀提供足够的活动空间，不会紧贴狗狗前腿后方的胳肢窝，而且狗狗背上的扣环位置应该比较接近肩膀，而不是腰部。

自由牌胸背带：两款胸背带都可以把牵绳单扣于肩上的扣环，或者同时扣于胸前及肩上的扣环，主人抓持着把手，采用两点牵引。

自由牌胸背带：肩上的伸缩设计有助于缓和狗狗暴冲。

TTouch 胸背带：脖子部位有一个锁扣，穿脱胸背带时不必经过头部，对于许多不喜欢胸背带套过头部的狗狗很适用。

TTouch 胸背带

安全感及更佳的身体意识

身体包裹法

身体包裹法提升狗狗对于自己身体的意识，让它对自己的动作和行为更有信心。这对于害怕巨响、紧张过动、乘车恐慌的狗狗特别有帮助。身体包裹法也有助于伤犬痊愈，对于年老、僵硬或有关节炎的狗狗也有帮助。有多种绑法，你可多加尝试，看看哪种绑法最适合狗狗。

方法

你可以使用药店买来的弹性绷带（ACE 品牌效果最佳）。确保绷带紧贴在狗狗身上，不会让长毛狗狗的毛翘起来。绷带太松无效，太紧则会限制狗狗的动作。要帮助害怕雷声等巨响的狗狗，确保绷带的松紧度给狗狗带来慰藉，但不至于过紧。如果狗狗看起来不舒服就取下绷带。

图解示范

① **弹性绷带** 不同颜色的绷带对狗狗可能有不同作用：红色可以活络，蓝色可以安定，绿色可以激发，ACE 弹性绷带可以染成许多颜色。

② **安全别针** 这是最安全的别针，多数药店都买得到。

③ **头部包裹法** 头部包裹法是进行头部

TTouch 之前很好的准备动作。

④-⑤ **半身包裹法** 主要用于包裹后半身会紧张的狗狗，或者膝部或髋部有问题的狗狗。把绷带最中间一段横过狗狗胸口，然后在狗狗背部交叉，再到腹部交叉，把两端拉至背部，用安全别针固定。如果是公狗，可以把近后半身的绷带往前拉移。

⑥ **半身包裹法的第二种绑法** 这个半身包裹法的变化绑法从脖子上方开始，左侧留三分之一绷带，右侧留三分之二绷带，往前再往下拉至前脚之间，以较长的一端绕腹部一圈，再用安全别针把两端固定住。

安全感及信心

T 恤

如果狗狗恐惧、怕生、有激动反应或过度兴奋，让你的生活困难重重，T 恤可能可以解决这些问题。对于声响敏感、分离焦虑或乘车焦躁不安的狗狗也有用，针对吠叫不止或暴冲问题可能也有帮助，因为 T 恤使狗狗更能感受到自己身体的"构造"。市面上可以找到不同款式的 T 恤，你也可以在宠物店或网络上寻找。

方法

给狗狗穿上衣服时，在它侧面站着或蹲着，准备好零食。确保你给它穿衣服时不会让它感到空间拥挤，无路可走。先用玩具狗练习是个好办法，让你把动作练熟。不要在无人看管时让狗狗穿着 T 恤，如果使用人的 T 恤，穿上时把它的正面穿在狗狗背上。

图解示范

①-② **T 恤** 用儿童 T 恤是最容易的选择，视狗狗体型而定，你可能需要在腹部用橡皮筋或发圈把 T 恤下摆绑紧。

③-④ **抓绒 T 恤** 天气冷时可以用抓绒 T 恤取代一般 T 恤，让狗狗温暖舒适。

⑤-⑥ **安定背心** 安定背心由98%的棉和2%的伸缩材料制成，容易合身，紧贴着狗狗身体，它的魔术贴设计也让狗狗很容易穿上。从 TTouch 官方网站 www.ttouch.com 可以订购绣有 TTouch 商标的绿色安定背心。安定背心有不满意退款的保证。

个案

比利时牧羊犬罗伊

　　我姐姐罗苹在她家比利时牧羊犬罗伊身上使用安定背心很成功。罗伊在家里重新铺设地毯后就拒绝上下楼梯，它害怕地毯的不同触感及颜色，罗苹说："当我们改变楼梯上的地毯，它上下楼梯时变得极为犹豫，所以我只是让它穿上安定背心，在背心上绑个八字形的绷带与后半身连接起来，做了点耳朵 TTouch，它就能够克服忧虑。我遇见过一两次其他情况也会这么做，例如当我们换了新的办公室地板，不过它每次都能够重拾自信，在这些新的地板上行走。"

双人带领练习

家鸽旅程

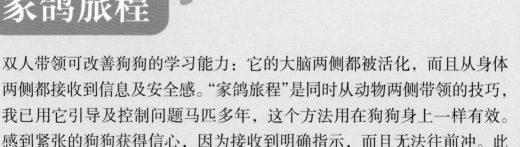

双人带领可改善狗狗的学习能力：它的大脑两侧都被活化，而且从身体两侧都接收到信息及安全感。"家鸽旅程"是同时从动物两侧带领的技巧，我已用它引导及控制问题马匹多年，这个方法用在狗狗身上一样有效。感到紧张的狗狗获得信心，因为接收到明确指示，而且无法往前冲。此外，有些狗狗在两侧有人时会感觉受到了保护。这个带领位置对于过动、无法专注的狗狗特别有效。

方法

要同时从两侧带领狗狗需要有两条牵绳、一个普通项圈、一个胸背带以及有时会用到软棒。把两条牵绳扣在项圈上，其中一条扣在胸背带上。两条牵绳在项圈上的扣点应该相隔一点距离，以免在同一个点给予信号，让狗狗感到混淆。两人行走时应与狗狗的头部对齐，位置应该在狗狗两侧距离约一米处，两个人要统一信号：起步、停止和转向的信号都要清楚地给予狗狗。

为了达到良好的合作，最好由一人作为给予信号的主要带领者，另一人作增强。以多数状况来说，由主人作为主带领者是好主意，只有狗狗对陌生人感到自在，才让两个陌生人带领它。"家鸽旅程"技巧可以非常安全地控制对其他狗有攻击性的狗狗，然而我们不推荐把它用于会攻击人的狗狗，这类狗狗应交予使用正增强的资深训犬师或专门针对攻击性狗狗的TTouch疗愈师。

图解示范

① **绕行障碍** 尚普斯示范绕行障碍练习，挑战两人使用精确的肢体语言和精妙的牵绳操控技巧。在狗狗绕行障碍时要一直保持与狗狗的肩膀平齐，并且不会挡到它的路，这并非易事。当狗狗犹豫不前，请狗狗较不熟悉的带领者让开多一点空间给它会有帮助。三角锥的间距应该约是一只狗狗的身长，才不会难度过高。

②-③ **跨栏障碍** 丽莎和我正带领着吉亚可摩穿越跨栏障碍，这只贵宾犬戴着普通项圈和胸背带，两条牵绳都扣在胸背带上。我是主带领者，丽莎辅助带领，在障碍中央停下来可强化它的信任和自信。

④ **梯状障碍** 卡伦和盖比带领着尚普斯穿越梯状障碍，它是卡伦的狗，所以卡伦是主带领者。狗狗一步步穿越障碍时，身体保持不错的笔直及平衡。注意：卡伦和盖比

的位置与狗狗的肩膀对齐，而且牵绳保持放松。

⑤ **铁纱网和不同塑料表面** 我们把很多不同表面材质排成一排，西尔薇亚和我让吉亚可摩认识这个新的障碍项目，我用单手抓着牵绳，并且在地上使用软棒，鼓励狗狗看向即将前往的方向。

进阶学习游戏场

狗狗喜欢在进阶学习游戏场里活动，你或许曾看过狗狗热衷于在飞越跨栏、通过隧道中竞赛，玩得很开心。我们的泰林顿系统会用到障碍，不是用于敏捷比赛，而是用于发展狗狗的意识及信心。我们发现它可以发展狗狗的意愿，让它们愿意专注和倾听，等候我们的信号，以及克服攻击或胆怯问题。狗狗学习到如何思考及合作，因为它必须专注在当下的某个项目上。

我们为何使用进阶学习游戏场？

当狗狗能够依据自己的学习进度学习，也在过程中获得乐趣，它将变得更聪明，更容易适应不同情境。当狗狗有机会在轻松气氛里学习新事物，日常生活将变得更容易。

狗狗喜欢穿越各式不同障碍，也喜欢攻克小小的挑战。你可能已见过狗狗热切地以绝佳技巧回避障碍，或者专心于穿越迷宫，留意听从带领者的指示，并小心不

在稍微架高的窄板上行走能教导狗狗保持平衡、身体意识和专注力，也给予狗狗处于新环境里的自信感受，有助于狗狗安静乘车或面对众人。

踩到障碍棒上。

乐趣并不是进阶学习游戏场唯一的要点，进阶学习游戏场也提升狗狗的专注时间、服从度及智力，它将学习思考与合作，而不是依本能直接反应。你将注意到它的专注力改善得有多快，而且身体意识也在改变，它的动作将很快变得更加柔软流畅。

称赞

让狗狗知道它表现得很成功非常重要，每当它朝对的方向有一点小小进展就用充满关爱的声音称赞它，给它做点TTouch或给予食物，让狗狗感到开心积极。要经常变换奖励形式：有时说些鼓励的话即可，或者做些TTouch就能让狗狗安定下来，并且让它知道你会陪着它。

使用食物时要小心，如果你不断喂食，狗狗会没有机会思考与学习，只想着下块零食即将出现。

食物有助于激化副交感神经系统，超越被恐惧或攻击性（战或逃）激化的交感神经系统。只要嘴里有食物就会激化副交感神经系统，这个系统主事放松，是支持学习的必要系统。

迷宫是进阶学习游戏场里特别重要的项目，其作用已被广泛研究证实。研究显示，患有学习障碍的儿童穿越迷宫可改善他们的协调性及动作。

同样地，让狗狗和马匹穿越迷宫也能明显改善其专注力、协调性和合作度，也明显改善它们的身心及情绪平衡。

刚开始让着怯或害怕的狗狗尝试走独木桥时，利用一点零食可能会有帮助。

　　带领狗狗通过木质或塑料等不同的表面材质，是让狗狗准备面临各种情境的绝佳方法。当你带狗狗去某处，它可能必须通过地面上的金属栅格或在滑溜的实木地板上行走。

　　地面散置长棒、星状障碍、跨栏障碍、独木桥和跷跷板障碍，这些能教导狗狗平衡和协调，它精进技巧的过程也很有趣。

障碍项目

● 迷宫：使用木条或塑料 PVC 水管会很适合，约 2.6 ～ 4 米长，2.5 ～ 7 厘米宽。

乔莉和我正穿越梯状障碍，我以鼓励性的肢体语言支持它。

也可使用较短的木条（约 1 米长），把木条拼起来或用连接头把木条连接起来，短木条较易收藏。这些迷宫的材料也可用于地面棒状障碍、星状障碍和跨栏障碍。

- **独木桥**：木板约 2.6 米长，30 厘米宽，2.5 厘米厚。如果在下面垫一块圆柱状木块就可以变成跷跷板，搭配轮胎、塑料块或木块的话就变成独木桥。

- **塑料布和铁纱网**：用来让狗狗接触不同表面，1 米长、2 米宽的面积大小为合适的尺寸。

- **6 个轮胎**：可依狗狗能够穿越这类障碍的能力，把轮胎集中一点摆放或间隔距离大一点。

- **梯状障碍**：使用一般的木梯或铝梯。

- **6 个三角锥**：三角锥可用于设置让狗狗通过的绕障碍项目，也可以考虑把三角锥随便散置，增加变化，有助于暴冲或无法专注的狗狗聆听你指示它该前往哪里的信号。

安全秘诀

- 所有障碍项目的设置都要考虑到安全因素，这很重要，必须特别留意没有固定、会移动的部分，锐利的边缘和木头小毛刺。

- 与对其他狗有攻击性的狗狗练习时要当心，和狗狗保持足够的距离。

- 不易带领的狗狗以"家鸽旅程"方式（双人，见 p.114）带领，会比较容易控制，它也能学习得更快。

星状障碍的棒子间距可以各不相同。一般来说，棒子最远端的间距大约会是狗狗的身长。

棒子架成不同高度，用以吸引狗狗的注意力，并且挑战它以新方式使用身体。红色能把狗狗的视线吸引至棒子中央。

教导狗狗在不同表面行走时，不同材质的地垫和网格很好用。

改善学习能力和专注力

迷宫

带领狗狗穿越迷宫有多方面的用处。木条或长棒架构出来的界限教导狗狗专注在带领者身上，听从经由牵绳、声音和肢体语言传递给它的最微妙信号。

方法

① **带领** 这是香妮第一次戴着头颈圈*，它需要学会接受鼻子上的新感受。罗苹带着它穿越迷宫，让它可以想想其他事。你能看到罗苹的双手如何在不同高度抓着牵绳，牵绳保持放松，而且罗苹的身体朝向狗狗。

② **转向** 罗苹把上半身转向香妮的方向，以便观察它。她利用肢体语言以及牵绳提放的方式影响狗狗的速度。罗苹往香妮前方跨一步，把右手往前伸到它的前方，用右手指示转向的方向，并且把自己的身体转向希望狗转向的方向。狗狗应该走在迷宫中间，才不会让它感觉受到包围，没有空间可移动。

图解示范

迷宫给予狗狗视觉界限，所以它在被人带领时才能改变自己的习惯和行为模式，而且对狗狗来说学习新事物也很有趣。每次让狗狗接触到新的移动模式，它的学习能力就会提高。

① 泰斯和香妮同时在迷宫里做带领练习时，香妮朝着泰斯扑跳。罗苹利用头颈圈 * 让香妮的头转向，并且利用扣在项圈上的牵绳把香妮往她的方向拉过去。

② 这次罗苹让自己位于两只狗之间，香妮紧张地看着泰丝，准备扑上去，头颈圈搭配双头牵绳协助罗苹控制住香妮。

③ 练习几次之后，我和泰丝留在一处，同时罗苹朝我们走过来，注意：我和罗苹的位置隔在两只狗狗之间。

④ 只要香妮保持冷静，罗苹便让香妮注视泰丝的方向，与此同时，我用软棒滑抚香妮，让它冷静及建立接触。泰丝则利用安定信号帮助香妮，让它安定下来。

* 译注：这是以前的做法，现在都以胸背带替代。

产生信任，肢体及情绪平衡

板状障碍

最能有效影响狗狗肢体和情绪平衡的障碍项目之一就是板状障碍。把三块约0.3米宽、3.3米长的板子在地上排成V字形或Y字形，刚开始只采用这种排列方式，直到狗狗在窄板上行走感到自在有信心。

方法

①-④ **三块板** 奎威夫对于在光滑表面的板子上行走不太有确定感，刚踏上第一块板子就犹豫了。当板子排列成Y字形，狗狗较容易找到入口及了解这个障碍项目的目的。盖比以双手握持的平衡牵绳能够轻易影响她的狗，重要的是以食指和拇指夹持牵绳，影响狗狗的力道才能保持轻柔。

在即将到达障碍之前先停下来，让狗狗有机会思考，并且找到自己心理和情绪的平衡。

奎威夫在这个障碍项目中有一些惊人改变，最后一张照片可以看到它安静地站着的样子。

Q:
如果狗狗跳下板子怎么办?

一个解决方法是在板子旁边设置视觉屏障，例如颜色鲜明的棒子。把两根棒排列成V字形也可以作为有用的引导方式，或者用两根棒排列成一条朝着障碍方向的路。

如果你的狗狗从板子上走下来，冷静地把它带回板子上再做尝试。确保它慢慢走，带着狗狗每次走一步，站在与它头平齐的位置。记得让狗狗觉得好玩，用声音称赞它或给它做点TTouch，如果你的狗狗怕生、胆怯或恐惧，给它一点零食，但是不要用零食诱导它走上板子。

平衡和自信

铁纱网和塑料表面

带领狗狗走在铁纱网或塑料表面上是训练它跟着人行走在任何特殊或光滑表面的好方法，也是训练治疗犬和搜救犬的重要练习，因为它们行走在任何表面都必须有安全感，没有任何恐惧。若要制作一个特殊表面，可以使用细纱窗材料，把它钉在框架上。任何不会有小裂片的硬质塑料都可以用来模拟结冰表面。

方法

　　如果狗狗穿越障碍时变得紧张，脚掌紧绷，我推荐在它腿部做盘蟒式 TTouch 及在脚掌肉垫上做浣熊式 TTouch 以给它做准备，这么做你可以获得它的注意力，也让它和地面建立新的联结。当狗狗紧张，它的肌肉会变得紧绷，限制了腿部循环。你也可以使用身体包裹法，提供给它多一点安全感和稳定感。在障碍上放置一些食物可以鼓励狗狗。当你能够让狗狗行走于越多不同的特殊表面，它遇到任何新情况就越能更信任你，更有自信。

图解示范

① 我正在杰西身上使用一般牵绳，这是它第一次走在宽框上的细纱网面。杰西慢慢地走，小心地落脚，我用声音鼓励它，在它成功设法穿越障碍时称赞它。

② 由双侧带领通过障碍会让年轻狗狗学得更快。柯尔斯顿以双手带领提瑞克斯，牵绳同时扣于项圈和头颈圈上，与此同时我离他们远一点，只是使用扣在项圈上的一般牵绳和软棒。牵绳处于松绳状态，所以狗狗可以自由探索行走的表面。

③ 尚普斯正在进行"家鸽旅程"，两条牵绳各有两个接触点（胸背带和普通项圈）。理想的话，牵绳不应该扣在同一个扣环上。

④ 安洁莉卡带领贵宾犬吉亚可摩走过塑料表面，来到网格，这对它而言要求相当高。如果把不同地面材质的间距拉远一点可以降低这个障碍项目的难度。

Q：

如果没有进阶学习游戏场可以用怎么办？

我们使用的障碍可以尽可能从简，你可以使用家中现有材料来建造。你真的不需要专业训练场地来进行这些特定障碍项目，泰林顿系统的障碍可以很快在后院或停车场搭建起来。你可以使用一大块普通塑料布模拟滑溜的表面，用纱窗材料模拟铁纱网。

在树之间穿梭、上下人行道，或在山坡上走走停停，全都是散步时可用来获得一些如同游戏场效果的方式。

自我肯定和自信

跷跷板

跷跷板是特别适合改善狗狗平衡和让狗狗确实踏地的障碍项目。它将学习到无论遇到何种情况，即使有意想不到的事情发生，它也可以信任你。起初使用很低的跷跷板（约 10 厘米高），开始时用脚控制跷跷板翘起来的程度。

方法

① 在跷跷板前停步，用软棒轻敲板子，把狗狗的注意力吸引到障碍上。狗狗吉姆利跟随着乔的软棒，乔则走在它的头侧。这个跷跷板的高度很低，给狗狗机会一步一步练习通过这个障碍的技巧，并且学习走到哪个点板子会翘起来。它需要学习在板子翘起来时保持自信，所以乔帮助它，用她的脚控制板子的移动，我的《释放狗狗潜能》DVD 上有分解步骤 *。

② 吉姆利在跷跷板翘起来时没有发生问题，但是现在有个失误，乔利用软棒在结束这项练习之前阻挡吉姆利想要跳下跷跷板的意图。这里会出错是因为乔站的位置太靠后，忘记了她应该让吉姆利跟随软棒。

---

* 译注：现今以扣于两点的胸背带代替项圈。

128

Q:

如果狗狗从跷跷板上跳下来该怎么办?

把障碍简化，用一块宽板和较小的木块，在板子上放些食物鼓励狗狗走慢一点。不要心急，慢慢进行，一步一步走。确保带领狗狗时，你站在它头旁边的位置。

图解示范

① 在板子放在轮胎上成为跷跷板之前，杰西已沿着板子走过了。它现在正看着助手把一些食物放在板子上，用意是鼓励杰西再次走上板子。

② 我把板子平衡地放在轮胎上，让它不会翘起来。我利用牵绳带领杰西，在它胸部绕一圈，位置在肩膀后方，有助于控制它的方向。

③ 我在板子往下沉时让杰西停步，以项圈和胸部牵绳＊支持它，它才能冷静等候。

④ 我们把跷跷板的高度提高，减轻重量。我把我的重量压在板子上，让它慢慢往下沉，让杰西站在跷跷板中央习惯它的移动。

＊译注：现在以牵绳扣于胸前和肩上的胸背带代替项圈和胸部牵绳。

平衡、敏捷和自信

独木桥

独木桥训练能建立自信，且对于敏捷度的训练和其他狗狗竞赛项目是绝佳的准备方式。这个项目除了会让你和你的狗狗开心之外，还可以改善狗狗的敏捷度、平衡和自信。通过低高度的独木桥对具敏捷潜力的狗狗在进行 A 字板、跷跷板和挑高独木桥的练习上是不错的准备工作。狗狗将学习到轻松行走在狭窄长板上，不会摔下来。你可以使用汽车轮胎、塑料块或木块来抬高平台高度。

方法

图 4 中，我示范最简单的独木桥训练形式，它能产生惊人结果。以增加独木桥高度来提高难度，狗狗获得宝贵的经验，可提升狗狗对人的信任及自信。如果狗狗容易冲得快，使用平衡牵绳、胸背带或头颈圈。你的目标是让狗狗缓慢地在独木桥上行走，提高身体意识。如果它冲得快，在独木桥上让它停下来。

在要求狗狗做更多之前，考虑它的年纪、健康和犬种。注意：患有脊椎疾病、髋关节发育不全或关节炎的狗狗不应该走 A 字板或挑高的独木桥。

---

* 译注：现今以牵绳扣于胸前和肩上的胸背带代替项圈、头颈圈和平衡牵绳。

图解示范

①-② **使用平衡牵绳和头颈圈带领** * 盖比在图 1 以双手使用平衡牵绳带领她的狗，图 2 以头颈圈带领。图 1 可看到奎威夫仍设法找到自己的平衡，盖比以大拇指和食指抓着牵绳，才能给予极轻的精确信号。而第二次尝试时使用头颈圈（图 2），盖比不再需要支持狗狗，奎威夫已能平衡自信地在板上行走。

③ **以胸背带带领** 德克的狗穿着胸背带，他带领这只壮硕的拉布拉多走独木桥，德克双手持绳，牵绳是放松的，狗狗专心行走，而且走得很平衡。

④ **单手带领** 我示范如何以单手带领穿着胸背带的狗狗，一旦狗狗获得信心，它将能够独立通过这个障碍，不需要人的协助。

敏捷度和注意力

棒状、跨栏障碍和星状障碍

棒状、跨栏障碍和星状障碍练习可改善狗狗的注意力、专注力和敏捷度，它能学习意识到自己的动作。棒状障碍练习对于改善展赛犬的步伐和体态，以及在准备让狗狗去上敏捷课程前都是很好的训练。

图解示范

①-② **棒状障碍** 我带领着葛瑞跨越高度不等的棒子，三角锥里的洞让我们可以调整棒端高度，棒子上的红漆指示中间区域。我也一同跨越棒子，向狗狗示范怎么做。一旦它熟悉穿越这个障碍，我就会走在障碍旁。

③ **跨栏障碍** 乔带领金姆利穿越 6 道跨栏，金姆利从棒子中央小跑步穿越，同时乔从旁用软棒指引方向。这项练习的目的是改善狗狗的步伐和动作轻盈度。

④ **星状障碍** 金姆利跟随着乔的软棒穿越由 6 根棒子组成的星状障碍，金姆利行走的内侧难度比外侧高，因为棒子内侧较高，间距也较小。这对于改善整体协调度是很棒的练习。

　　确保狗狗每次成功你就称赞它，如果你自己很开心，你的狗狗也会有相同感受。此外，考虑邀请朋友和他们的狗狗参加，大家可以一起练习。让训练成为一种社交活动，可能对你和狗狗都有激励作用。

安全和自制

梯状障碍和轮胎

梯状障碍和轮胎的练习对有些狗狗而言是个挑战，这些不同的材质和形状提供新的体验，每个体验对狗的影响都无法预料。设置梯状障碍时，把一个简单的梯子放在地上，设置轮胎练习时则使用4～8个轮胎，以不同方式排列，重点是创造挑战，发展出狗狗面对不寻常新情境的信心。

方法

穿越梯状障碍时，狗狗必须非常留意自己的行为，并且依阶梯间距调整步伐大小。如果狗狗害怕，不愿踏入阶梯间，带着它从梯子的侧面穿越，走Z字路线穿越梯子数次，让它跟随另一只狗或者在阶梯间放些零食。如果你想协助狗狗沿着梯子跨越所有梯阶，而狗狗缺乏安全感，你可以把梯子一侧抵着墙摆放，这样你只需要从一侧控制狗狗，它也无法跨出梯子之外。

穿越轮胎障碍时，狗狗一开始可以从轮胎外缘走过，要提高难度可以要求它跨入轮胎中央，如果在中央放些零食可以鼓励一些狗狗这么做。

图解示范

① **以软棒带领** 我以一条简单扣在泰斯项圈上的牵绳和软棒带领它穿越梯状障碍。穿越障碍时泰斯非常留意，并且把头放低。

②-③ **以胸背带带领** 安洁莉卡以双手带领艾迪穿越梯子。它感到担心，她便在阶梯间丢些零食，这么做激励了狗狗，它热切地搜寻下一块零食，把头放低，注视着障碍。来到梯子末端时，安洁莉卡让它停下来，用声音称赞它。

④ **轮胎** 2岁的标准贵宾犬葛雷迪第一次被带领着穿越障碍。以软棒轻抚它的前腿有助于让它安定，能够专注在眼前的任务上。为了让它恢复平衡并阻止它往前冲，罗苹使用平衡牵绳。葛雷迪对于踩在轮胎上走或碰触到轮胎感到紧张，所以轮胎摆放成两排，中间有间距，降低了这项障碍的难度。目的是让狗狗能够成功，所以开始时难度不高，再慢慢出现难度较高的挑战。一开始你可以让狗狗在轮胎之间绕行，练习重点在于让狗狗沿着轮胎边行走，然后进展到自己踏入轮胎中央。

角锥绕行障碍

角锥绕行障碍着重于提升狗狗的专注力和柔软度，这是另一个你可能在一般狗狗敏捷训练里见识过的障碍项目，人狗都可以从中获得很多乐趣。刚开始牵着绳以慢速练习，一旦狗狗了解到应该做什么，你可以加速，最后甚至不用牵绳。你需要把五六个角锥排成一条直线，刚开始练习时，角锥间距应该至少要等于狗的身长。

方法

①-② **无绳绕行角锥** 泰斯在无绳之下绕行角锥，我以手势和肢体语言指引它，它很合作，注视我的右手同时紧贴着角锥绕行，有时进行这个练习时使用零食激励狗狗可能会有帮助。

如果你只做短暂练习，你将发现狗狗在练习中间的休息时间里，会消化练习所学习到的东西，下次练习时，它的技巧会更佳。

图解示范

① 为了提升信心，香妮使用身体包裹法。罗苹走在它前方，示范往哪儿走，并且以双手握持牵绳，指引香妮绕行角锥。她的左手在前，显示她想要香妮转身的方向，她的右手位于较后方，协助调整行走速度。

② 罗苹以牵绳信号清楚强调转向，香妮必须学习尽可能紧贴着角锥行走才能流畅迅速地绕行。

③ 角锥绕行障碍着重于注意力。练习从正反方向绕行角锥，也练习能够从左侧或右侧带领狗狗，人狗的柔软度都会因此变得更佳。

Q：

如果狗狗略过了一个角锥没绕怎么办?

增加角锥间距，因为它可能觉得绕行小圈很困难。若是如此，看看它是否有生理问题导致不易转身；若无问题，可能表示它柔软度不佳或缺乏专注力。跟随另一组人狗绕行角锥，并且做些 TTouch 改善肢体可动范围及平衡也可能有帮助。

清单

许多人们不喜见的典型行为可利用 TTouch 系统改变，本列表让你很容易找到方法改变爱犬的健康或行为。当然，TTouch 永远不能取代宠物医生的诊疗，但是它可在前往宠物医院途中使用，也可预防一些疾病，并且支持任何进行中的疗法。

狗狗

害怕陌生人或宠物医生	耳朵 TTouch，卧豹式 TTouch
害怕巨响	尾巴 TTouch，嘴部 TTouch，身体包裹法，耳朵 TTouch
因恐惧或兴奋而尿尿	耳朵 TTouch，虎式 TTouch
吠叫不止	耳朵 TTouch，卧豹式 TTouch，嘴部 TTouch，身体包裹法
过动	盘蟒式 TTouch，云豹式 TTouch，Z 字形 TTouch，身体包裹法，耳朵 TTouch
上场时焦虑	耳朵 TTouch，嘴部 TTouch，盘蟒式 TTouch，牛舌舔舔式 TTouch
恐惧和缺乏安全感	耳朵 TTouch，嘴部 TTouch，腿部绕圈，尾巴 TTouch，身体包裹法，云豹式 TTouch
怕生羞怯	卧豹式 TTouch，尾巴 TTouch，身体包裹法
爱啃咬	嘴部 TTouch
对狗的攻击行为	云豹式 TTouch，身体包裹法，与其他狗同时进行带领训练，胸背带
对猫的攻击行为	在有猫的情境下进行 TTouch，身体包裹法，胸背带
暴冲扯绳	平衡牵绳，障碍练习，云豹式 TTouch，胸背带
牵绳时不愿走	身体包裹法，耳朵 TTouch，蟒提式 TTouch，腿部绕圈，胸背带
晕车	耳朵 TTouch
车内躁动难安	耳朵 TTouch，身体包裹法
梳毛问题	蜘蛛拖犁式 TTouch，毛发滑抚，以羊皮进行 TTouch，盘蟒式 TTouch
洗澡问题	耳朵 TTouch，盘蟒式 TTouch，毛发滑抚，洗澡前及洗澡期间进行腿部绕圈
剪指甲问题	在腿部进行蟒提式 TTouch，在脚掌和指甲上进行浣熊式 TTouch，腿部绕圈，脚掌 TTouch

急性伤害之后	前往宠物医院途中做耳朵 TTouch，除伤处以外在全身轻柔进行浣熊式 TTouch
疤痕	浣熊式 TTouch，卧豹式 TTouch
手术前	耳朵 TTouch，卧豹式 TTouch
发烧	前往宠物医院途中做耳朵 TTouch
事故后休克	前往宠物医院途中做耳朵 TTouch，然后做卧豹式 TTouch
关节炎	蟒提式 TTouch，浣熊式 TTouch，耳朵 TTouch，身体包裹法
髋部问题	每天进行浣熊式 TTouch，蟒提式 TTouch，尾巴 TTouch
长牙	以冷毛巾在嘴部做 TTouch
消化疾病	耳朵 TTouch，腹部托提，在腹部进行卧豹式 TTouch
胃痛	前往宠物医院途中做耳朵 TTouch，腹部托提
耳朵敏感	骆马式 TTouch，以羊皮进行卧豹式 TTouch，支持头部的同时把耳朵轻轻贴近身体再画圈。
肌肉酸痛	蟒提式 TTouch，盘蟒式 TTouch
站起来或爬楼梯有问题	身体包裹法，腹部托提，蟒提式 TTouch，蜘蛛拖犁式 TTouch，尾巴 TTouch，耳朵 TTouch，牛舌舔舔式 TTouch
过敏	熊式 TTouch，耳朵 TTouch，云豹式 TTouch
发痒	虎式 TTouch，使用小毛巾进行熊式 TTouch

母狗

怀孕	腹部托提，在腹部进行卧豹式 TTouch 和盘蟒式 TTouch，浣熊式 TTouch，耳朵 TTouch
生产时提供支持	耳朵 TTouch，卧豹式 TTouch，蟒提式 TTouch，盘蟒式 TTouch
拒绝照料幼犬	耳朵 TTouch，在乳头上以温毛巾进行卧豹式 TTouch，嘴部 TTouch
受孕问题	耳朵 TTouch，尾巴 TTouch，在臀部进行盘蟒式 TTouch，云豹式 TTouch

公狗

对公狗的攻击行为	迷宫，软棒，其他狗在场时做带领练习，家鸽旅程，绝育

幼犬

长牙	嘴部 TTouch
拒绝吸奶	嘴部 TTouch，耳朵 TTouch，在舌头上轻轻 TTouch，全身进行浣熊式 TTouch
社交问题	嘴部 TTouch，耳朵 TTouch，云豹式 TTouch，尾巴 TTouch，脚掌 TTouch
剪指甲	在腹部进行蟒提式 TTouch，在脚掌和指甲进行浣熊式 TTouch

泰林顿 TTouch 词汇表

● 鲍鱼式 TTouch

画圈式 TTouch，使用摊平的手掌，以整个掌心移动皮肤画圈。这个手法适用于生性敏感的狗狗。你也可以用它协助紧张的狗狗安定放松。

● 卧豹式 TTouch

TTouch 画圈基本手法。接触区域是手指，可能包括所有指节或只有部分指节。虽然在身体上画圈时，手掌只轻触到身体，但的确也会移动皮肤。

● 云豹式 TTouch

TTouch 画圈基本手法。以指尖和微弯手掌推动皮肤，移动一又四分之一圈。此手法已证实对于紧张和焦虑的狗狗尤其有效。

● 浣熊式 TTouch

非常轻的 TTouch 手法，用于狗狗的敏感部位。以最轻的力道用指尖画小圈。

● 熊式 TTouch

浣熊式 TTouch 和熊式 TTouch 极相近，差异在于熊式 TTouch 用到指甲，非常适用于发痒的狗狗或肌肉厚实的狗狗。

● 虎式 TTouch

画圈式 TTouch，使用指尖的指甲进行，手指与皮肤呈 90 度角，保持弯曲张开，让手看起来像虎掌。

● 三头马车式 TTouch

以最轻的第一级力道用指甲进行虎式 TTouch，是与狗狗联结的不错方式。

● 骆马式 TTouch

画圈式 TTouch，使用手背。敏感恐惧的狗狗较不会把手背的碰触视为威胁，对于这类狗狗适合使用骆马式。

● 黑猩猩式 TTouch

画圈式 TTouch，朝着掌心弯曲手指，用第一和第二指节的背面做 TTouch。

● 蟒提式 TTouch

把手放在狗狗身上摊平，轻柔缓慢地把皮肤和肌肉往上移，动作配合呼吸，然后暂停几秒钟。

● 盘蟒式 TTouch

这个手法结合画圈式 TTouch 和蟒提式 TTouch。

- 蜘蛛拖犁式 TTouch

  轻柔使用大拇指和其他手指推挤皮肤，依多条直线进行，可顺毛或逆毛进行。

- 毛发滑抚

  用大拇指和食指抓一撮毛发，或把手摊平，以指间穿过毛发，轻轻从发根滑至发梢。

- 牛舌舔舔式 TTouch

  从肩膀开始做，把弯曲的手指稍微分开，滑抚至背部上端，然后从腹部中线滑到背部。

- 诺亚长行式 TTouch

  遍及全身的长抚式 TTouch，用于起始或结束 TTouch 时。手轻轻放在狗狗身上，从头部到背部到后半身，平顺地滑抚。

- Z 字形 TTouch

  把手指分开，沿着不断以 5 度改变方向的 Z 字形曲线移动并且穿过毛发。

- 毛虫式 TTouch

  双手放在狗狗背部，相距约 5～10 厘米，轻轻推动双手（双手推近），暂停一下再让皮肤回到原位。

- 腹部托提

  腹部托提协助狗狗放松腹部肌肉，进而有助于纾缓腹绞痛及深层呼吸。

- 嘴部 TTouch

  在嘴巴上及周围，嘴唇及牙龈上进行 TTouch。嘴部 TTouch 活化主控情绪的边缘系统。

- 耳朵 TTouch

  在耳朵上做滑抚式或画圈式 TTouch，刺激耳朵的穴位对全身都有正面的影响，可以防止休克。

- 腿部 TTouch

  小心缓慢地从狗狗前腿肘部往前伸展前腿，再回到原位。在狗狗后腿也可以进行相同的动作。这个手法可以让狗狗放松，提升它的身体意识，也可以改善协调性。

- 脚掌 TTouch

  在脚掌上进行小小的画圈式 TTouch。它能促进狗狗的"接地踏实感"，也有助于狗狗克服恐惧。

- 尾巴 TTouch

  在尾巴上进行不同动作，画圈或拉紧伸展。这个 TTouch 手法有助于让敏感的狗狗放松，并释放身体的紧绷压力。

致谢

许多人对于本书的出版准备以及英文版的翻译工作都有贡献，我非常感谢。首先感谢我的美国出版商 Caroline Robbins，她对我提供了极大的支持，花了无数小时编辑文稿，也陪着我完成本书部分章节。Caroline，谢谢你的耐心和奉献。

感谢 Christine Schwartz 致力于将本书翻译成英文，也感谢 Kirsten Henry 补充不足之处（在 Caroline 找不到身在欧洲的我时）！我也要特别感谢 Debby Potts 在德国教学课后还挑灯夜战协助编辑，常常工作至清晨。感谢 Rebecca Didier 对本书做的最后修订。

我衷心感谢 Gudrun Braun，他首先提出了出版本书初版的意愿，也负责此次德文再版的版面、照片拍摄及统筹。

感谢 Karin Freiling，陪同我完成有关压力的章节，也感谢 Kathy Casade 协助我完成有关安定信号的章节。也感谢 Gabi Maue、Bibi Degn 和 Karin Freiling 协助布朗进行编辑。

感谢我的姐姐 Robyn Hood 多年来支持泰林顿 TTouch 的发展、在全球各地教授 TTouch，并且自 1984 年起就编辑泰林

顿 TTouch 国际新讯。

我的心愿是在这本再版书中纳入资深 TTouch 讲师及疗愈师的讲述。感谢 Edie Jane Eaton 和 Debby Potts 把 TTouch 带到新西兰和日本，也感谢 Kathy Cascade、Bibi Degn、Karin Freiling 和 Katja Krauss 高超的教学技巧，丰富了每只猫狗及其他小动物（及主人）的生命。我要深深感谢 Daniela Zurr 和 Martina Simmerer 提供了她们在作为宠物医生执业时的 TTouch 经验。

与 Gabi Metz 及她的合伙人 Marc Heppner 拍摄新照片也是很棒的体验，感谢两位。

我要谢谢 Karin Freiling、Gabi Metz 和 Lisa Leicht 协助照片拍摄，也谢谢 Hella Koss 的统筹。另外也要大大地感谢提供狗狗参加拍摄的主人。

Cornelia Roller 的插画图解画得很棒。

我也想感谢我的德国出版商 Almuth Sieben，超过 20 年来一直支持我的事业。

感谢 Kirsten Henry、Carol Lang、Judy Spoonhoward 和 Holly Sanchez 让我们的新墨西哥办公室能顺利运作。

我也感谢世界各地 TTouch 疗愈师课程的主办人，包括英国 TTouch 讲师 Sarah Fisher 和 Tina Constance、南非的 Eugenic Chopin、瑞士的 Lisa Leicht 和 Teresa Cotarelli-Gunter、意大利的 Valeria Boissier、荷兰的 Sylvia Haveman 和 Monique Staring、奥地利的 Martin Lasser 和 Doris Prisinger 及日本的 Debby Potts 及 Lauren McCall。

感谢我的先生 Roland Kleger，无论我写作熬夜到多晚都愿意陪伴我，并且花了无数小时编辑稿件。如同我们在世界各地教授 TTouch 的所有人一样，Roland 致力于"改变世界，一次一个 TTouch"！

著作权合同登记号：06-2018年第290号

© 琳达·泰林顿琼斯　2018

图书在版编目（CIP）数据

　　TTouch神奇的毛小孩按摩术.狗狗篇 /（美）琳达·泰林顿琼斯著；黄薇菁译 . -- 沈阳：万卷出版公司，2018.10

　　ISBN 978-7-5470-5058-3

　　Ⅰ. ①T… Ⅱ. ①琳… ②黄… Ⅲ. ①犬—驯养 Ⅳ. ①S82

　　中国版本图书馆CIP数据核字（2018）第 215080 号

出 品 人：刘一秀

出版发行：北方联合出版传媒（集团）股份有限公司

　　　　　万卷出版公司

　　　　　（地址：沈阳市和平区十一纬路25号　邮编：110003）

印 刷 者：北京文昌阁彩色印刷有限责任公司

经 销 者：全国新华书店

幅面尺寸：168mm×234mm

字　　数：180千字

印　　张：9

出版时间：2018年10月第1版

印刷时间：2018年10月第1次印刷

责任编辑：胡　利

责任校对：高　辉

特约编辑：古　雪

封面设计：7拾3号工作室

ISBN 978-7-5470-5058-3

定　　价：55.00元

联系电话：024-23284090

传　　真：024-23284448